ライブラリ情報学コア・テキスト = 18

自然言語処理概論

黒橋禎夫・柴田知秀　共著

サイエンス社

「ライブラリ情報学コア・テキスト」によせて

　コンピュータの発達は，テクノロジ全般を根底から変え，社会を変え，人間の思考や行動までをも変えようとしている．これらの大きな変革を推し進めてきたものが，情報技術であり，新しく生み出され流通する膨大な情報である．変革を推し進めてきた情報技術や流通する情報それ自体も，常に変貌を遂げながら進展してきた．このように大きな変革が進む時代にあって，情報系の教科書では，情報学の核となる息の長い概念や原理は何かについて，常に検討を加えることが求められる．このような視点から，このたび，これからの情報化社会を生きていく上で大きな力となるような素養を培い，新しい情報化社会を支える人材を広く育成する教科書のライブラリを企画することとした．

　このライブラリでは，現在第一線で活躍している研究者が，コアとなる題材を厳選し，学ぶ側の立場にたって執筆している．特に，必ずしも標準的なシラバスが確定していない最新の分野については，こうあるべきという内容を世に問うつもりで執筆している．

　全巻を通して，「学びやすく，しかも，教えやすい」教科書となるように努めた．特に，分かりやすい教科書となるように以下のようなことに注意して執筆している．

- テーマを厳選し，メリハリをつけた構成にする．
- なぜそれが重要か，なぜそれがいえるかについて，議論の本筋を省略しないで説明する．
- 可能な限り，図や例題を多く用い，教室で講義を進めるように議論を展開し，初めての読者にも感覚的に捉えてもらえるように努める．

　現代の情報系分野をカバーするこのライブラリで情報化社会を生きる力をつけていただきたい．

2007 年 11 月

編者　丸岡　章

まえがき

　自然言語というのは，我々が日常用いている日本語，英語，中国語など，自然発生的に生まれた言語のことで，プログラミング言語のように人工的に作られた人工言語と対比させてこうよぶ．自然言語のコンピュータ処理に関する学問分野，技術分野を自然言語処理とよぶ．

　自然言語（以降，単に言語とよぶ）は我々の知的活動の根幹である．言語を用いることによって，豊かなコミュニケーションを行い，論理的な思考を行い，各世代で得た知見を記録して後世に引き継ぐことが可能となり，これによって人類は発展を続けてきた．

　我々は特別な訓練なしに母国語を習得し，無意識で使いこなせるようになる．しかし，これをコンピュータで実現することはそれほど簡単ではない．言葉の使い方は社会の慣習なので，その慣習をコンピュータが学ばなければならない．また，言葉の構造や意味には多くの曖昧性があり，文脈に応じた適切な解釈を見つける必要がある．

　自然言語処理の研究はコンピュータ（電子計算機）の誕生とほぼ同時期にはじまったが，言葉の複雑さ，多様性，曖昧性に苦しむ時期が長く続いた．しかし，インターネットの発達とともに電子テキストが爆発的に増加し，その大規模なテキストを活用してコンピュータが言葉の使い方を学び，知識を獲得することが少しずつできるようになってきた．さらに，コンピュータの処理能力が劇的に改善し，高性能な計算環境が整ってきたこともそれを後押しした．

　本書では，このように進展著しい自然言語処理について，前半でその基礎的事項と基本解析を解説し，後半では情報検索，機械翻訳，対話システムなどの応用システムの仕組みを説明する．また，最新の話題として，自然言語処理におけるニューラルネットワークの利用についても紹介する．

　今後，コンピュータが自然言語をより良く理解し，誰もが特別な訓練なく使いこなせる自然言語インタフェースがロボットや情報機器に搭載され，人間の知的活動を支援する自然言語処理応用システムがますます高度化し社会に浸透していくだろう．本書が，自然言語処理についての入門的な役割を果たし，読者のみなさんが自然言語処理システムを健全に利活用する一助となれば，さら

には，みなさんの中から将来，自然言語処理に関係する研究者・開発者が生まれるきっかけとなれば望外の喜びである．

　本書の執筆にあたっては，サイエンス社の田島伸彦氏，鈴木綾子氏，一ノ瀬知子氏に大変お世話になり，遅筆の我々を辛抱強く励まして頂いた．また，京都大学の同僚の河原大輔先生には，本書原稿を閲読して頂き，細部にわたって的確な指摘を頂いた．ここに記すとともに，深く感謝致します．

2016 年 6 月

黒橋禎夫　柴田知秀

目　　次

第1章　はじめに　　1
1.1　言語の働きと特徴　　2
1.2　自然言語処理の問題の整理　　3
1.2.1　自然言語処理の難しさ　　3
1.2.2　基本解析と応用システム　　4
1.3　コーパスに基づく自然言語処理　　5
1.3.1　生コーパス　　5
1.3.2　注釈付与コーパス　　7
1.4　分類問題としての自然言語処理　　10
演習問題　　12

第2章　系列の解析　　13
2.1　はじめに　　14
2.1.1　語の並びの解析　　14
2.1.2　語について　　15
2.2　日本語文の形態素解析　　16
2.2.1　形態素解析の難しさ　　16
2.2.2　形態素解析候補のラティス構造　　17
2.2.3　ビタビアルゴリズム　　18
2.3　日本語文の未知語処理　　20
2.3.1　基本的な未知語処理　　20
2.3.2　単語辞書中の単語への帰着　　20
2.3.3　単語辞書の自動拡充　　21
2.4　マルコフモデルと言語モデル　　23
2.4.1　マルコフモデル　　23
2.4.2　n-gram 言語モデル　　24

- 2.5 HMM による品詞タグ付け 26
  - 2.5.1 英語の品詞曖昧性 26
  - 2.5.2 HMM 27
  - 2.5.3 HMM による品詞タグ付け 28
- 2.6 機械学習による系列ラベリング 31
  - 2.6.1 様々な手がかりの利用 31
  - 2.6.2 CRF による品詞タグ付け 32
  - 2.6.3 固有表現認識 33
- 演習問題 34

第3章 構文の解析 — 35

- 3.1 木による構文の表現 36
  - 3.1.1 依存構造表現 36
  - 3.1.2 句構造表現 38
  - 3.1.3 構文の曖昧性 38
- 3.2 文脈自由文法と構文解析 40
  - 3.2.1 文脈自由文法 40
  - 3.2.2 CKY 法 41
- 3.3 依存構造表現と句構造表現の関係 44
- 3.4 構文的曖昧性の解消の手がかり 45
  - 3.4.1 形に対する手がかり 45
  - 3.4.2 意味の手がかり 46
- 3.5 グラフに基づく依存構造解析 47
  - 3.5.1 問題の定式化 47
  - 3.5.2 Non-projective な場合の依存構造解析 48
  - 3.5.3 Projective な場合の依存構造解析 50
  - 3.5.4 スコアの学習方法 50
- 3.6 遷移に基づく依存構造解析 53
- 演習問題 56

第4章 意味の解析 — 57

- 4.1 語の意味 … 58
  - 4.1.1 語の意味の定義 … 58
  - 4.1.2 語の創造的使用 … 60
  - 4.1.3 シソーラス … 61
- 4.2 同義性 … 63
  - 4.2.1 同義語 … 63
  - 4.2.2 分布類似度 … 64
- 4.3 多義性 … 65
  - 4.3.1 多義語 … 65
  - 4.3.2 語義曖昧性解消 … 66
- 4.4 文の意味 … 68
  - 4.4.1 構文と意味 … 68
  - 4.4.2 格と意味役割 … 68
- 4.5 英語の意味役割付与 … 70
  - 4.5.1 PropBank … 70
  - 4.5.2 PropBank に基づく意味役割付与 … 71
- 4.6 日本語の格解析 … 72
  - 4.6.1 問題の説明 … 72
  - 4.6.2 格フレームの自動構築 … 73
  - 4.6.3 構文と格の解析 … 74
- 演習問題 … 76

第5章 文脈の解析 — 77

- 5.1 結束性と一貫性 … 78
- 5.2 照応・ゼロ照応解析 … 79
  - 5.2.1 共参照と照応 … 79
  - 5.2.2 ゼロ照応 … 81
  - 5.2.3 照応解析 … 81
  - 5.2.4 ゼロ照応解析 … 83

5.3　談話構造解析 83
　　　　5.3.1　RST 83
　　　　5.3.2　Penn Discourse Treebank 85
　　演習問題 86

第6章　ニューラルネットワークの利用　89

　　6.1　はじめに 90
　　6.2　順伝播型ニューラルネットワークと誤差逆伝播法 91
　　6.3　Word Embedding 98
　　　　6.3.1　Word Embedding とは 98
　　　　6.3.2　Word Embedding の学習 100
　　6.4　リカレントニューラルネットワーク 104
　　演習問題 108

第7章　情報抽出と知識獲得　109

　　7.1　はじめに 110
　　7.2　情報抽出 110
　　　　7.2.1　関係抽出とイベント情報抽出 110
　　　　7.2.2　表現パターンの自動学習 112
　　　　7.2.3　テンプレートの自動学習 114
　　　　7.2.4　関係のデータベースの整備 115
　　7.3　知識獲得 116
　　　　7.3.1　事態間知識 116
　　　　7.3.2　スクリプト 117
　　　　7.3.3　知識獲得の今後 118
　　7.4　知識の柔軟な利用 119
　　演習問題 121

目　　次　　　　　　　　　　vii

第8章　情報検索 — 123

8.1　はじめに … 124
8.2　情報検索の基本的な仕組み … 124
8.2.1　転置インデックス … 124
8.2.2　語の重要度 … 125
8.2.3　ベクトル空間モデル … 126
8.3　情報検索の評価 … 128
8.3.1　適合率, 再現率, F値 … 128
8.3.2　MAP … 129
8.4　ウェブ検索 … 131
8.4.1　ウェブ検索の仕組み … 131
8.4.2　ページランク … 132
8.4.3　Learning to Rank … 134
演習問題 … 134

第9章　トピックモデル — 135

9.1　LSA … 136
9.2　PLSA … 139
9.2.1　文書生成モデル … 139
9.2.2　パラメータ推定 … 142
9.2.3　LSAとの関係 … 143
9.3　ベイズ統計 … 144
9.3.1　最尤推定・MAP推定・ベイズ推定 … 144
9.3.2　多項分布とディリクレ分布 … 146
9.4　LDA … 148
9.4.1　文書生成モデル … 148
9.4.2　パラメータ推定 … 150
9.4.3　PLSAとの関係 … 151
演習問題 … 152

第10章 機械翻訳 — 153

- 10.1 はじめに ... 154
  - 10.1.1 機械翻訳の難しさ ... 154
  - 10.1.2 機械翻訳の歴史 ... 155
- 10.2 統計的機械翻訳 ... 156
  - 10.2.1 IBMモデル ... 156
  - 10.2.2 句に基づく統計翻訳 ... 159
- 10.3 構文の利用 ... 162
- 10.4 ニューラルネットワークによる機械翻訳 ... 164
- 10.5 機械翻訳の評価 ... 166
  - 10.5.1 翻訳の評価尺度 ... 166
  - 10.5.2 評価型ワークショップ ... 167
- 演習問題 ... 167

第11章 対話システム — 169

- 11.1 対話システムの歴史 ... 170
- 11.2 発話の意味 ... 172
- 11.3 質問応答 ... 173
- 11.4 音声対話システム ... 175
- 11.5 チューリングテスト ... 178
- 11.6 ニューラルネットワークによる応答生成 ... 179
- 演習問題 ... 180

第12章 まとめ — 181

- 12.1 基本解析のまとめと問題点の整理 ... 182
- 12.2 知識構築の新たな枠組み：クラウドソーシング ... 183
- 12.3 応用システムの発展の方向性 ... 184
  - 12.3.1 機械翻訳の発展 ... 184
  - 12.3.2 多言語言論ネットワークの可視化による異文化相互理解の支援 ... 185

| 12.3.3 人間と自然な対話を行うシステム 185
| 12.4 おわりに 186

演習問題解答 187

参考文献 190

索　　引 191

・本書に掲載されている会社名，製品名は一般に各メーカーの登録商標または商標です．
・なお，本書では ^{TM}, ® は明記しておりません．

サイエンス社のホームページのご案内
http://www.saiensu.co.jp
ご意見・ご要望は　rikei@saiensu.co.jp　まで．

第1章

はじめに

　まず，言語の働きと特徴を整理する．次に，自然言語をコンピュータで扱うことの難しさをまとめ，自然言語処理の基本解析，応用システムの概要を本書の構成とともに説明する．また，近年の自然言語処理の発展を支えるコーパスについて，その概要と意義を説明し，最後に，分類問題としての自然言語処理の導入を行う．

1.1 言語の働きと特徴

自然言語 (natural language) とは，我々が日常用いている日本語，英語，中国語などのように自然発生的に生まれた言語のことをさす．これに対して，ある目的で人工的に作られた言語を**人工言語** (artificial language) とよび，その代表的なものはコンピュータに指令を与える C 言語や Java 言語などのプログラミング言語 (programming language) である．自然言語のコンピュータ処理に関する学問分野，研究開発分野を**自然言語処理** (natural language processing, NLP) とよぶ．以降，明確な場合には自然言語のことを単に言語とよぶことにする．

我々は特別な訓練なしに母国語を習得することができ，また，普段ほぼ無意識のうちに言葉を使いこなしている．しかしよく考えてみると，それが我々の生活や社会をささえる根幹であることに気づく．まず，その働きと特徴を考えよう．

言語は次のような 3 つの働きを持つ道具である．
- コミュニケーションの道具
- 思考の道具
- 記録の道具

言語を用いることによって，豊かなコミュニケーションを行い，論理的な思考を行い，各世代で得た知見を記録して後世に引き継ぐことが可能となる．これによって人類は発展を続けてきた．

もう一段掘り下げて考えると，言語の根本的な働きは，ものごとに名前をつけ，その関係を示すことである．これによって上述のような道具としての働きが生まれる．ここで言語の特徴をそのコンピュータ処理を意識しつつ整理しておこう．

(1) ものごとへの名前の付け方は恣意的である．名前そのものの恣意性に加えて，言語が異なれば，ものごとをどのように切り出して名前を付けるかということも異なり，これが翻訳の難しさにつながる．

(2) 言語は社会の慣習であり，その用法は，論理的に説明できるものだけでなく，慣習であるとしか説明できないものも少なくない．少数の規則

で扱えるものでないため，コンピュータが大規模なテキスト集合から言語の用法を学ぶことが必要になる．
(3) 言語の語彙，用法は時代によって変化する．また，専門分野によって語の使い方が異なったり，頻繁に新語が生まれる分野もある．コンピュータもそれらに柔軟に対応し，追随する必要がある．
(4) 言語で伝えようとする意味内容は，ものごとの間の複雑な関係であり，いわばネットワーク構造を持つ．しかし，音声言語も書かれた文章も1次元の音や文字の並びである．人はその間の変換を柔軟に行うが，これがコンピュータにとっては難しい処理となる．
(5) 表現（語・句・文など）と意味との対応は多対多である．すなわち，ある表現が複数の意味を持ち（多義性・曖昧性），また逆に，ある意味を持つ複数の表現がある（同義性）．曖昧性のある表現の解釈は文脈に依存する．人間は文脈を考慮して言語を柔軟に解釈できるが，これをコンピュータで実現することは簡単ではない．

1.2 自然言語処理の問題の整理

1.2.1 自然言語処理の難しさ

前節で言語の特徴を整理した．これに対応させて，コンピュータで言語を扱う際の難しさをまとめると次のようになる．

まず，前節の特徴(1), (2), (3)に対応して，専門用語や新語を含めて，語の用法，他の語との自然な結びつき，同義や類義の関係をコンピュータに与えなければならない．これは膨大な知識であり，人手で与えることは現実的でないが，大規模なテキスト集合（コーパス）からの自動獲得によってある程度実現されつつある．

2つ目は，前節の特徴(4), (5)に対応する問題で，コンピュータが，テキスト中に存在する様々な曖昧性を解消し，柔軟に意味を解釈しなければならない．しかしこの問題も，言語解釈を付与した注釈コーパスの構築と，機械学習の進展によって少しずつ解決されつつある．

1.2.2 基本解析と応用システム

　言語における意味の基本単位は語であるが，語の並び，すなわち文によって「誰が何をどうした」などの出来事や性質が表現される．さらに，複数の文，すなわち文章によって，出来事や性質の間の因果関係などが表現される．これが我々が情報や意図を伝える単位である．

　このように文章によって表現される情報を，コンピュータによって解釈する処理は，次のような段階的な処理からなる．

> 1. **形態素解析，固有名解析**：文を単語に分割し，各語の品詞や活用を認識し，さらに人名や地名などの固有名を認識する．
>   例：太郎〈人名〉は〈助詞〉ドイツ〈地名〉語〈名詞〉も〈助詞〉
>   　　話せる〈動詞〉．〈句点〉
> 2. **構文解析**：文の構造，すなわち，文中の語句の間の修飾関係を明らかにする．
>   例：
>   　　太郎は ドイツ語も 話せる．
> 3. **格解析**：文中の述語と項の関係を捉える．
>   例：太郎は〈ガ格〉ドイツ語も〈ヲ格〉話せる．
> 4. **照応・省略解析**：文をまたがる語句の結びつきを解析する．
>   例：
>   　　太郎は ドイツ語も 話せる．ドイツに ($\phi_{ガ}$) 留学していたからだ．
> 5. **談話構造解析**：節，文間の意味的な結びつきを解析する．
>   例：太郎はドイツ語も話せる．〈理由〉ドイツに留学していたからだ．

　これらの一連の処理は，系列の解析（2章），構文の解析（3章），意味の解析（4章），文脈の解析（5章）で説明する．

　基本解析の解析精度がこの20年で劇的に進歩したこともあり，最近では，人々の情報利活用を本格的に支援するシステムが現れはじめている．これらを本書の後半の7〜11章で解説する．

まず，情報抽出と知識獲得について7章で述べる．言語の基本解析と知識獲得は相補的な関係にある．すなわち，基本解析の精度が上がったことによりテキストからの知識獲得が可能になり，獲得された知識によって基本解析をさらに高精度化することができる．その意味で，この章の内容は基本解析と応用システムの境界に位置する事項である．

8章ではすでに社会基盤となっているウェブのサーチエンジンなどの背後にある技術について，9章のトピックモデルでは文書集合に含まれる潜在的トピックを推定する方法について説明する．10章で述べる機械翻訳，すなわちコンピュータによる自動的な翻訳は，常に自然言語処理のキラーアプリケーションであり，次節で述べるように自然言語処理の研究を牽引してきた．最近では，ウェブ上のフリー翻訳サービスなどもあり，その進展が目覚ましい分野である．11章の対話システムでは最近急速に発展している携帯端末での音声対話システムなどに関連する事項について述べる．

さらに，最新の話題であるニューラルネットワークの利用について，基本的事項を6章で説明し，応用システムでの利用についても10章，11章で簡単に紹介する．

1.3 コーパスに基づく自然言語処理

コーパス (corpus) とは，もともとはある主題に関する文書や，ある作者の文書を集めたものであったが，現在ではもう少し広く，文書，または音声データを集め，またそこにある種の情報を付与したものをさす．自然言語処理の最近の進展はコーパスの活用によるところが大きい．

1.3.1 生コーパス

次節で述べるような人手で様々な情報を付与したコーパスと区別するために，単に文書を集めたものを生コーパス (raw corpus) とよぶ．

電子化された文書としての最初の大規模なコーパスは米国のブラウン大学で1960年代に構築された100万語規模の **Brown Corpus** である．このコーパスは，米国の言語の使用を調査する目的で，新聞，書籍，雑誌などから様々なジャンルのテキストをバランスよく収集したものであった．このような考え方

によるコーパスを**均衡コーパス** (balanced corpus) とよぶ．

その後，辞書学の伝統を持つ英国で 1980 年代から 1990 年代にかけて，辞書の見出し語の選定，語義の選定，用例の付与などを現実の言語使用を分析して行うことを目的として，出版社と大学との協力によって数億語規模の British National Corpus, The Bank of English などが構築された．

現代では，ウェブ上の膨大な文書（の一部）が，規模的にもジャンルや文体などの多様性の観点からも最も有用な生コーパスと考えられる．ウェブ文書コーパスは原理的には数兆語またはそれ以上の規模になりうる．自然言語処理におけるこのような超大規模コーパスの重要な使用目的は，そこからの知識の自動抽出であり，今後，本書の中で様々な具体例を紹介していく．

米国においては，フェアユースの考え方があり，ウェブ文書の著作権はそのそれぞれの著作者にあるが，ウェブ文書を収集して研究目的に配布することは様々に行われている．その代表的なものはカーネギーメロン大学から配布されている 10 億ページ規模の ClueWeb である（ClueWeb09 は 10 カ国語で計 10 億ページ，ClueWeb12 は英語の 7 億ページ）．

日本では，以前はウェブ文書を収集することすら違法であったが，2010 年 1 月 1 日施行の著作権法改正によって，検索サービスや情報解析研究のためのウェブ文書収集は合法化され，個々の組織における収集と研究利用は可能となった．しかし，残念ながらまだそれを配布し共通利用することはできない．

生コーパスの中で，翻訳関係にある二言語の文書対を収集したものは**対訳コーパス** (bilingual corpus) または**パラレルコーパス** (parallel corpus) とよばれ，機械翻訳の重要な知識源となっている．対訳コーパスは非常に貴重であるが希少であるのに対して，きっちりとした翻訳関係になくとも，同じトピックに関する二言語の文書対は大量に存在する．そのような文書を収集したものを**コンパラブルコーパス** (comparable corpus) とよぶ．たとえば Wikipedia において言語リンクでつながった日本語ページと英語ページ，同じ日の日本語ニュース記事と英語ニュース記事などで，これらも翻訳の重要な知識源である．このようなコーパスの活用については 10 章で改めて説明する．

1.3.2 注釈付与コーパス

一定の規模のコーパスに対して，言語的な解釈を付与したコーパスを**注釈付与コーパス** (annotated corpus) とよぶ．与える**注釈** (annotation) を**タグ** (tag) とよぶことが多いことから**タグ付きコーパス** (tagged corpus) ともよばれる．言語的な解釈としては，形態素，構文，固有表現，語の意味，省略照応，談話関係，テキスト分類など様々なものがある．

注釈付与コーパスの中で最も有名なものは 1990 年代はじめに米国のペンシルバニア大学で作られた **Penn Treebank** (PTB) で，Brown Corpus や Wall Street Journal の記事など約 500 万語に品詞情報，そのうち約 300 万語に構文情報が与えられた．その後も注釈の見直し，新たな情報付与などが行われ，現在広く利用されているのは 1999 年にリリースされた Penn Treebank-3 で，Wall

```
( (S
    (NP-SBJ
      (NP (NNP Pierre) (NNP Vinken) )
      (, ,)
      (ADJP
        (NP (CD 61) (NNS years) )
        (JJ old) )
      (, ,) )
    (VP (MD will)
      (VP (VB join)
        (NP (DT the) (NN board) )
        (PP-CLR (IN as)
          (NP (DT a) (JJ nonexecutive) (NN director) ))
        (NP-TMP (NNP Nov.) (CD 29) )))
    (. .) ))
```

図 **1.1** Penn Treebank-3 の例（括弧の入れ子構造によって構造を表現し，**NP**（名詞句），**VP**（動詞句）などの構文タグ，**NN**（名詞），**VB**（動詞）などの品詞タグが与えられている）

Street Journal の 1989 年記事，約 100 万語に対して品詞・構文情報を付与している（図 1.1）．

　PTB は，その後の統計的自然言語処理，機械学習に基づく自然言語処理の進展に大きく貢献した．また，PTB に触発され，他の様々な言語においても形態素，構文情報を付与したコーパスが構築された．日本語では毎日新聞の 1995 年記事，約 100 万語を対象とした京都大学テキストコーパスなどがある（図 1.2）．中国語では同じくペンシルバニア大学で構築された Chinese Penn Treebank などがある．

　注釈付与コーパスを構築する最大の意義は，自然言語処理の問題の明確化である．たとえば，自然言語の単語に品詞があり，文に構造があることは誰もが認めることであるが，どのような品詞セット，どのような構造の表現が適切かという問題について 1 つの正解があるわけではない．そもそも言語には例外的で特殊な (idiosyncratic) 用法が多数存在する．ある程度の規模の実テキストを観察し，具体的に注釈を付与することによって，一貫性があり，また自然言語処理の問題として妥当な仕様・基準を定めることが可能となる．その意味で，多くの場合，注釈付与コーパスには仕様書・マニュアルが付属しており，それをきっちりと理解することが重要である．

　問題の明確化に関連する重要なこととして，注釈付与コーパスには共通の評価データとしての価値がある．新たな解析手法が提案されても，独自のデータで評価が行われたのでは，その本当の良さや問題点を知ることは難しい．注釈付与コーパスを共通の評価データとして用いる，すなわち，注釈付与コーパスの注釈を正解と考えて自動解析結果の精度を出すことにより，様々な解析手法がどの程度よいか，またどのような特徴を持つかということを客観的に議論することが可能となる．

　注釈付与コーパスのもう一つの意義は，それが機械学習の教師データとして利用できる点にある．言語解析タスクの多くは，文脈中の手がかりを統合して解釈の曖昧性を解消する問題である．そこでは，手がかりを見つけることと，その組み合わせ方を考えることが必要となるが，後者について注釈付与コーパスを教師データとして機械学習の手法を適用することができる．

　評価型ワークショップとよばれるものはまさにそのようなことを行う活動であり，注釈付与コーパスを構築してタスクを明確化し，同時にこれを機械学習の

```
# S-ID:950101003-001 KNP:96/10/27 MOD:2005/03/08
* 26D
村山 むらやま 村山 名詞 6 人名 5 * 0 * 0
富市 とみいち 富市 名詞 6 人名 5 * 0 * 0
首相 しゅしょう 首相 名詞 6 普通名詞 1 * 0 * 0
は は は 助詞 9 副助詞 2 * 0 * 0
* 2D
年頭 ねんとう 年頭 名詞 6 普通名詞 1 * 0 * 0
に に に 助詞 9 格助詞 1 * 0 * 0
* 6D
あたり あたり あたる 動詞 2 * 0 子音動詞ラ行 10 基本連用形 8
* 6D
首相 しゅしょう 首相 名詞 6 普通名詞 1 * 0 * 0
官邸 かんてい 官邸 名詞 6 普通名詞 1 * 0 * 0
で で で 助詞 9 格助詞 1 * 0 * 0
* 6D
内閣 ないかく 内閣 名詞 6 普通名詞 1 * 0 * 0
記者 きしゃ 記者 名詞 6 普通名詞 1 * 0 * 0
会 かい 会 名詞 6 普通名詞 1 * 0 * 0
と と と 助詞 9 格助詞 1 * 0 * 0
* 6D
二十八 にじゅうはち 二十八 名詞 6 数詞 7 * 0 * 0
日 にち 日 接尾辞 14 名詞性名詞助数辞 3 * 0 * 0
* 26D
会見 かいけん 会見 名詞 6 サ変名詞 2 * 0 * 0
し し する 動詞 2 * 0 サ変動詞 16 基本連用形 8
、 、 、 特殊 1 読点 2 * 0 * 0
```

図 1.2 京都大学テキストコーパスの例（* が文節の区切り，* に続く数字が係り先の文節番号，形態素情報は JUMAN に準拠）

教師データ，共通の評価データとして活用し，様々な新手法についての客観的議論を行う．古くは情報検索のワークショップ TREC (Text REtrieval Conference) があり，定期的に新たなタスクを設定して行われる CoNLL (Conference on Computational Natural Language Learning)，アジアにおいても NTCIR (NII Testbeds and Community for information access Research) などがある．評価型ワークショップで構築された注釈付与コーパスの中には，その後も様々な研究者に利用され，新手法の提案や比較に継続的に利用されているものが少なくない．

1.4 分類問題としての自然言語処理

　注釈付与コーパスが構築され，整理された自然言語処理の問題は**分類問題**として扱うことができ，注釈付与コーパスを教師データとして機械学習の手法を適用することができる．たとえば，英語の品詞タグ付けの問題は各単語の品詞を選ぶというわかりやすい分類問題である．日本語文や中国語文の単語分割の問題も，文中の文字間を区切るか区切らないかの 2 値分類問題の組合せと考えることができる．

　ここでは，機械学習の分類問題の基本的な考え方を，「毒キノコ」の問題で説明しておこう．ここで考える問題は，キノコが，毒キノコであるか，そうでないかを見分ける 2 値の分類問題である．これを判断する手がかりを**素性** (feature) とよび，ここでは色（赤，青，黄），笠の形（○，□），柄の長さ（長，短），発見場所（樹木，地面）とする．すなわち，あるキノコはこのような素性の束（素性ベクトル）で表現される．また，毒キノコとそうでないものの事例をすでに知っており，これを**教師データ**とよぶ（表 1.1，各行が 1 つの事例）．このような教師データを用いて，新たな未知のキノコを毒が有るか無いかに分類する方策（分類器）を学習するのである．ここで毒の有/無のように学習すべき分類をラベルとよぶ．たとえば表 1.1 の事例 9 に示した素性ベクトルを持つキノコは毒キノコだろうか？

　ここでは比較的素朴な方法で，かつ一般には十分に高い精度が得られる**ナイーブベイズ** (naive bayes) とよばれる方法を紹介する．まず，入力の素性ベクトルを x，ラベルを y として，入力 x が与えられた条件で最も確率が高いラベル

1.4 分類問題としての自然言語処理

$\widehat{y}$ に分類することを考える†．

$$\widehat{y} = \arg\max_{y} P(y|\boldsymbol{x}) \tag{1.1}$$

しかし，これはそのまま計算できない，すなわち見たことのない素性ベクトルを分類できない．そこで，以下のように，ベイズの定理により式を変形し，$\arg\max$ に関係しない $P(\boldsymbol{x})$ を除去し，さらにラベルに対して各素性 x_i が独立であると近似して計算を行う．

$$\begin{aligned}
\widehat{y} &= \arg\max_{y} P(y|\boldsymbol{x}) \\
&= \arg\max_{y} \frac{P(\boldsymbol{x}|y)P(y)}{P(\boldsymbol{x})} \\
&= \arg\max_{y} P(\boldsymbol{x}|y)P(y) \\
&= \arg\max_{y} \left(\prod_{i} P(x_i|y)\right) P(y)
\end{aligned} \tag{1.2}$$

表 **1.1** の事例 9 の「色：黄，笠：○，柄：短，場：地」というキノコについて考えると，ラベル：有については次のように計算できる．

$$P(黄 \mid 有)P(○ \mid 有)P(短 \mid 有)P(地 \mid 有)P(有)$$
$$= \frac{2}{3} \times \frac{1}{3} \times \frac{2}{3} \times \frac{2}{3} \times \frac{3}{8} = \frac{1}{27}$$

ラベル：無は各自分類してみてほしい（演習問題 1.2）．計算の結果，このキノコは毒有と分類される．（食べない方がよい！）

たとえば，このような考え方を英語の品詞付与の問題に適用する場合は，対象とする単語そのもの，その 1 文字目が大文字かどうか，前後にどのような単語があるか，などを素性として用いる．以降の章でより具体例な問題，解法を紹介していくことにする．

---

†$\arg\max$ は，その下に書かれている変数（式 (1.1) の場合 y）について，$\arg\max$ の右側の式の値を最大とする変数の値を返す．

演習問題

1.1 自然言語と人工言語の働きや特徴の違いを考えてみよう．
1.2 毒キノコ分類の具体例についてラベル：無の値を計算し，キノコが毒有と分類されることを確かめよう．

表 1.1 分類問題の例：「毒キノコ」

	色	笠の形	柄の長さ	発見場所	毒
事例 1	赤	○	長	地	無
事例 2	赤	○	短	樹	無
事例 3	青	○	長	樹	有
事例 4	赤	□	長	樹	無
事例 5	黄	□	短	地	有
事例 6	青	□	長	樹	無
事例 7	黄	□	短	地	有
事例 8	黄	□	長	樹	無
事例 9	黄	○	短	地	?

第2章

系列の解析

　文を単語に分割し，各単語の品詞，活用形などを求める形態素解析の方法を解説する．ラティス構造による文の分割結果からビタビアルゴリズムにより解を求める方法，また日本語解析において重要となる未知語の処理について説明する．さらに，マルコフモデルと言語モデル，隠れマルコフモデルによる品詞タグ付け，機械学習に基づく系列ラベリングとしての品詞タグ付け，固有表現認識について説明する．

2.1 はじめに

2.1.1 語の並びの解析

言語における意味の基本単位は**語** (word) であり，その並びが文となる．自然言語処理の第一歩は，文がどのような語から構成されるかを明らかにする処理となる．いくつかの言語で具体例とその特徴を考えてみよう．

■日本語において，たとえば，「私は本を買った」という文は，次のような語の並びと解析される[†]．

(1)　　私　|　は　|　本　|　を　|　買った
　　　名詞　助詞　名詞　助詞　動詞
　　　　　　　　　　　　　　（「買う」の過去形）

日本語では，まず語の区切りを同定する必要があり，これが難しい．さらに，各語の品詞を求め，活用語の場合にはその活用と基本形（原形）を求める必要があるが，これは比較的やさしい処理である．

■英語において同様に語の並びを解析する例は次のようになる．

(2)　　I　　　bought　　　a　book
　　　名詞　　動詞　　　　冠詞　名詞
　　　　　（「buy」の過去形）

英語では空白で区切られたものを語と考えればよい．一方，多くの語が複数の品詞を持つため，各語の品詞を同定することは難しい処理である．たとえばbreakfastという語も「朝食」という名詞だけでなく「朝食を食べる」という動詞としても使うことができる．また，動詞の活用と基本形を求める処理も必要となる．

■中国語は，語の区切りと品詞を求める処理がともに難しい言語である．一方，中国語は独立語であるため，動詞などの活用はない．

[†]本書の日本語文法の説明は，参考文献に挙げた『基礎日本語文法』および学校文法に基づき，支障のない範囲で簡単化している．

(3) 我 | 买 | 了 |一本| 书
  名詞 動詞 助動詞 冠詞 名詞

このように，言語によって問題の所在，難しさはそれぞれであるが，文の中の語の区切り，品詞，活用などを明らかにすること，すなわち語の**系列の解析**が自然言語処理の第一歩であることは共通である．またそこではある程度共通の方法が用いられる．

2.1.2 語について

本章のはじめに，語を「意味の基本単位」としたが，これをどのように定めるかは難しい問題である．

英語の場合は，意味の基本単位，すなわち語を空白で区切ることが正書法である．しかし，football は，foot-ball や foot ball と表記されることもあり，やはりその定義は難しいことに注意する必要がある．

日本語や中国語の文では，空白を用いないため，何を語とするか，複数の語をまとめたものとどのように区別するかは非常に難しい問題である．たとえば「本棚」を1語と考えるか2語（「本＋棚」）と考えるかというような問題である．

語の中のより小さな単位の問題も考える必要がある．一般に言語の意味の最小単位を**形態素** (morpheme) とよび，語は1つ以上の形態素から構成されると考える．

英語では，語を構成する形態素は大きく**語幹** (stem) と**接辞** (affix)，接辞はさらに**接頭辞** (prefix) と**接尾辞** (suffix) に分類される．bird, play, kind などは1形態素（語幹）で1語であり，playing (play-ing), smaller (small-er), unkind (un-kind), kindly (kind-ly) などはそれぞれ2形態素（語幹と接辞）で1語となる．

日本語の場合も語幹と接辞の分類を考えることができ，「ま冬」の「ま」などの接頭辞，「美しさ」の「さ」など接尾辞がある．また，活用語について，変化しない部分を活用語幹，変化する部分を活用語尾とよぶ．

語に関する重要な区別として，**自立語**（または**内容語**，content word）と**付属語**（または**機能語**，function word）の区別がある．自立語は独立した意味を持つもので，名詞，動詞，形容詞，副詞などである．一方，付属語は自立語に

伴って現れて文法的機能などを示すもので，助動詞，助詞，前置詞などである．自立語は open class，すなわち新語が生まれ，語数も非常に多い．それに対して，付属語は closed class，すなわち語彙はほぼ一定であり，語数は数十程度に限られている．

2.2 日本語文の形態素解析

語の区切り，品詞，活用形などを求める処理を**形態素解析** (morphological analysis) とよぶ．語と形態素の関係については前節で述べた．日本語の形態素解析では，接頭辞，接尾辞も便宜的に語の一種であるとし，語を最小単位として扱うことが一般的であるので，ここでもそのように説明を進める（すなわち形態素という言葉は用いない）．また，「単語」という言葉もこれまで説明してきた「語」の意味で用いることにする．

2.2.1 形態素解析の難しさ

前節でも述べたように，日本語文の形態素解析の難しさは語の区切りの同定にある．日本語では漢字，ひらがな，カタカナを使い分けるので，先に示した「私は本を買った」のような文の解析は難しくない．しかし，たとえば，次のような文には曖昧性がある．

(4) a. 外国｜人｜参政｜権
    b. 外国｜人参｜政権
(5) a. くるま｜で｜待つ
    b. くる｜まで｜待つ

例文 (4) は常識的にはもちろん (4a) の解釈が正しいが，一般的に自動解析においては少数の単語からなる分割が確からしいので，(4b) の誤った解釈が優先されることがある．例文 (5) の 2 つの解釈はどちらもある文脈では正しい．なお，「くるま（車）」または「くる（来る）」が漢字表記されていれば曖昧性はないが，漢字表記のある語がひらがな書きされることは少なくない．

2.2.2 形態素解析候補のラティス構造

日本語文の形態素解析では，単語の表記，品詞，活用などの情報を記述した**単語辞書**と，どのような単語または品詞・活用が日本語文中で連続して出現しうるかを記述した**連接可能性辞書**を用いる．

図 2.1 に「ねたら元気になった」という日本語文の形態素解析の様子を示す．まず，単語辞書を参照して，入力文の各位置からはじまる部分文字列で辞書にマッチするもの（語候補）をすべて取り出し，その各候補に対応するノードを作る．たとえば図 2.1 の例の文頭からは「ね」「ねた」「ねたら」という 3 つの語ノードが作られる．また，文頭と文末に仮想的なノードを作る．

さらに，入力文の各位置において，その位置までの（左にある）語候補と，その位置からの（右にある）語候補が，連接しうるものであるかどうかを連接可能性辞書で調べ，連接可能なものをリンクする．図 2.1 の例では，「ねた（動詞過去形）」と「ら（名詞性接尾辞）」は連接可能ではないので，この間にはリンクは張られない．このような処理によって，1 文の形態素解析の可能性は図 2.1 に示すような**ラティス構造**（lattice，束（そく））で表現されることになる．

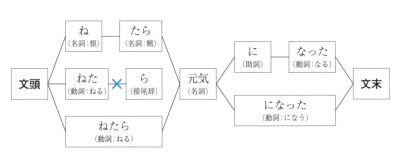

図 2.1　形態素解析候補のラティス構造

2.2.3 ビタビアルゴリズム

ラティス構造における 1 つのパス（リンクされたノードの並び）が入力文の 1 つの解釈（語の並び）であり，連接可能性があるという意味で，日本語として一応認められる解釈となっているはずである．しかし，その多くは実際にはありえない解釈であり，その中から適切なパスを選択することが必要となる．

適切なパスの選択は，語やその連接にコストを与え，コストの和が最小となるパス（最適パス）を選択することで実現できる．コストを与える方法としては 5 章で述べるコーパスに基づく学習の方法があるが，ここでは次のような簡単な考え方でコストを与えることにする．

- すべての語と連接に同じコストを与えるだけでも，長い語を優先し，過分割を防ぐことができるので，ある程度妥当な解釈が得られる．この場合，図 2.1 の解釈は「ねたら | 元気 | になった」となる．
- しかし，短い自立語は適当でないことが多いが，（通常短い）付属語はある程度出現してもよい．そこで付属語を優先するために，付属語のコストを 1，自立語のコストを 4 とする．
- 連接コストは，通常は 1 とし，「名詞＋動詞」のようにあまりテキスト中に出現しない連接は 4 とする（「元気＋になった」など）．

このようなコストの定義に基づき，ラティス構造の中から最適パスを求める方法を考える．図 2.1 は説明のための簡単な文であるが，一般的な数十文字の文の場合には，ラティス構造からすべてのパスを列挙してそれぞれのコストを計算することは組合せ爆発のために不可能である．しかし，**ダイナミックプログラミング** (dynamic programming，**DP**) の考え方に基づく**ビタビアルゴリズム** (Viterbi algorithm) を利用することで，効率的にコスト最小のパスを選ぶことが可能となる．

ビタビアルゴリズムの考え方を図 2.2 で説明しよう．この図では，ノードは地点を表し，リンクは地点間のルートと距離を表している．このとき，A 地点から C 地点への最短ルートを求める問題を考える．B 地点を経由する場合，A から B へは 2 通りのルートがあるが短いのは距離 6 のルートである．また，B から C へも 2 通りのルートがあるが短いのは距離 3 のルートである．すなわ

ち，AからB経由でCへ行く場合の最短距離は$6+3=9$であって，他のルート（$8+3, 6+5, 8+5$）を考慮する必要はない．これとAからCへの直接ルートの10を比較すれば最短距離が9であることがわかる．ポイントは，<u>各地点でそこまでの最短距離を覚えておくだけでよい</u>ことであり，それによって組合せ爆発が防げるのである．

この方法を図2.1の例に適用した結果が図2.3である．太線が文頭から文末までのコスト最小のパスであり，「ねたら｜元気｜に｜なった」という正しい解が選択されている．

ビタビアルゴリズムは日本語形態素解析に限らず，英語文の品詞解析や固有表現認識など，系列の解析において広く利用される手法である．

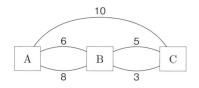

図 2.2　ビタビアルゴリズムの簡単な例

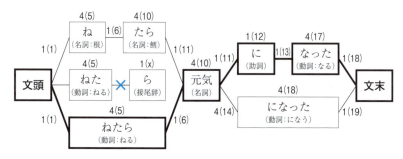

図 2.3　ビタビアルゴリズムによる最適解の選択（裸の数字はそれぞれの語と連接のコスト，括弧内の数字はそこまでの最適パスのコストの和）

2.3 日本語文の未知語処理

　日本語の形態素解析では，入力文に対して単語辞書に含まれる単語の並びの中で一番適切なものを返す．単語辞書には，数万から数十万の単語が登録されるが，実テキストには，膨大な固有名詞，様々な専門分野の用語，ネット上でのくずれた表現，常に生み出される新語など，固定的な単語辞書ではカバーできない表現が少なからず存在する．

　このようにテキストに現れる語で，システムの単語辞書に登録されていない語を**未知語** (unknown word) とよぶ．未知語をどのように扱うかが実テキストの形態素解析において重要な問題となる．

2.3.1 基本的な未知語処理

　前節の解析アルゴリズムから明らかであるが，入力文のある部分が単語辞書に含まれる語でカバーされなければ，ラティス構造が作られず，文全体に対して何も解が求まらないことになる．

　このような問題を回避するために，入力文のすべての部分について疑似的な語（ノード）を作成し，大きなコストを与えておく．一般的には，字種の情報を用いて，漢字連続，カタカナ連続などを1語とする．こうすることによって，辞書中の語による解釈がある部分はそれらがコストが小さいために優先され，それらがない部分については疑似的な語が採用されて，文全体の何らかの解析結果が求まることになる．

2.3.2 単語辞書中の単語への帰着

　未知語の一部は，単語辞書に含まれる一般的な単語に帰着できる．そのような現象の一つは複合語の後部要素に起こる連濁である．たとえば「越前ガニ」の「ガニ」は「カニ」が濁音化したものである．これらは形態素解析時に動的に処理することができる．すなわち，ある位置で左に名詞があり，次の文字がひらがなまたはカタカナの濁音であれば，それを清音化した辞書引きを行えばよい．

　ネット上でのくずれた表現にみられる長音挿入（「すごーい」など）や小文字

化（「すごぃ」など）についても，同様にこれらを正規化した辞書引きを形態素解析時に動的に行うことで対応できる．

2.3.3 単語辞書の自動拡充

　未知語を手作業によって随時，単語辞書に登録していくのは現実的ではない．一つの方法はウェブ上の情報などを用いて辞書の自動拡充を行うことである．

　たとえば，日本語 Wikipedia には 180 万の見出しがあり（2016 年 6 月現在），ここから適切なものを自動選択して辞書に追加することが考えられる．Wikipedia の見出しには複合名詞のものが多いが，形態素解析用の辞書にありとあらゆる複合名詞を登録していくことは際限がない．そこで，ある種の基準を設けて，複合名詞を排除することが必要となる．

　たとえば「京都大学」という見出しは基本的な単語辞書に基づく形態素解析によって「京都 | 大学」と解析されるので登録の必要はないが，「爽健美茶」は 1 文字ずつの漢字列に分解されるので，複合名詞ではないとみなし，1 語の名詞（固有名詞）として登録する．

　カタカナ語の場合はさらに難しい．たとえば「フットサル」は形態素解析によって「フット | サル」となるが，もしこれが「サル」の一種であれば，「フットサル」と「サル」はウェブ上で似た振る舞いをする，すなわち類似度が高いはずである．この計算方法は 6 章で紹介するが，そのような類似度が低いことから，「フットサル」は「サル」の一種ではないと判断し，1 語の単語として登録を行う．

　Wikipedia の見出しは（ある程度一般的に知られる）固有名詞を中心とした名詞であるので，ここから動詞や形容詞，また俗語や専門用語などを獲得することはできない．一方，ウェブ上のテキストに何度かの出現があれば，その品詞を推測することが可能である．たとえば「ググって」だけでは「グダ（新語）＋って（助詞）」の可能性もあるが「ググった」「ググっても」などの出現をみればこれが「ググる」という動詞であることが推測できる．

　形態素解析器 JUMAN[†] では，約 4 万語の基本単語辞書に加えて，Wikipedia から自動拡充した 18 万語，ウェブテキストから自動拡充した 7 千語の追加辞書

[†] http://nlp.ist.i.kyoto-u.ac.jp/index.php?JUMAN

を備えており，このような自動拡充を定期的・自動的に行っている．また，前節で述べた動的な処理による単語辞書中の語への帰着も行っている．表 2.1 に JUMAN による日本語文の形態素解析の例を示す．

表 2.1 形態素解析器 JUMAN による解析例

入力文：「おっきーい越前ガニがスゴかった」

出現形	基本形	品詞	活用型	活用形	意味情報
おっきーい	おっきい	形容詞	イ形容詞イ段特殊	基本形	代表表記：大きい/おおきい 反義：形容詞：小さい/ちいさい 長音挿入
越前	越前	名詞	*	*	代表表記：越前/えちぜん 地名：日本:福井県:市
ガニ	ガニ	名詞	*	*	代表表記：蟹/かに カテゴリ：動物;人工物-食べ物 ドメイン：料理・食事 濁音化
が	が	助詞	*	*	NIL
スゴかった	スゴい	形容詞	イ形容詞アウオ段	タ形	代表表記：凄い/すごい 自動獲得：テキスト 既知語帰着：表記・出現類似

2.4 マルコフモデルと言語モデル

2.4.1 マルコフモデル

ここまで，日本語の形態素解析を中心に，問題の所在や基本的なアルゴリズムを説明してきた．形態素解析などの系列解析を高度化するためには統計的な考え方を導入する必要がある．ここではその基礎となる**マルコフモデル** (Markov model) を説明する．簡単な例として，天気を予測する問題を考える．天気は一日単位で，晴れ，曇り，雨のいずれかであり，過去の天気から明日の天気の確率を予想する．たとえば，今日が曇りのとき，明日が晴れである確率は，条件付き確率として次のように表す．

$$P(x_{t+1} = 晴れ \mid x_t = 曇り) \tag{2.1}$$

ここで，x_t, x_{t+1} はそれぞれ今日と明日の天気を表す確率変数で，その値は晴れ，曇り，雨のいずれかである．

明日の天気を予測するには，過去のある程度の長い期間を考慮する方が正確だろうが，これを過去 m 日にしか依存しないと考えることにする．このような性質を**マルコフ性** (Markov property) とよび，このようなモデルを m **階マルコフモデル**とよぶ．式 (2.1) は天気を 1 階マルコフモデルで考えたものである．なお，文脈から明らかな場合には確率変数を省略し $P(晴れ \mid 曇り)$ と表す．

式 (2.1) の値は，たとえば過去 1 年間の毎日の天気のデータがあれば**最尤推定**[†](maximum likelihood estimation) によって以下のように計算できる．

$$P(晴れ \mid 曇り) = \frac{P(曇り, 晴れ)}{P(曇り)} = \frac{C(曇り, 晴れ)/365}{C(曇り)/365} = \frac{C(曇り, 晴れ)}{C(曇り)} \tag{2.2}$$

ここで，$C(曇り), C(曇り, 晴れ)$ はそれぞれ「曇り」「曇り, 晴れ」が 1 年間の天気で出現した回数とする．たとえば，前者が 100 回，後者が 20 回であれば，$P(晴れ \mid 曇り) = \frac{20}{100} = 0.2$ となる．

[†]観測されたデータの生成確率（尤度）を最大にするパラメータの推定法で，式 (2.2) のように相対頻度によって求まる（9.3 節参照）．

2.4.2 n-gram 言語モデル

言語モデル (language model) とは，文や表現の出現確率，つまり文や表現が使われる確からしさを与えるものである．音声認識や機械翻訳において，より妥当な出力を選択する基準として有効であり，広く利用されている．

前項の天気予測の考え方，すなわちマルコフモデルの考え方は，言語の単語の並びに対してもそのまま適用することができ，これを **n-gram 言語モデル** (n-gram language model) とよぶ．n-gram 言語モデルでは，単語の出現確率がその直前の $n-1$ 個の単語で決まる，すなわち $n-1$ 階マルコフモデルであると考える．n の値が 1, 2, 3 のものをそれぞ **unigram モデル**，**bigram モデル**，**trigram モデル**とよぶ．たとえば bigram モデル，すなわち直前の 1 単語のみを考慮する場合の確率は次のように計算できる．

$$P(w_i|w_{i-1}) = \frac{C(w_{i-1}, w_i)}{C(w_{i-1})} \tag{2.3}$$

このとき，$C(w_{i-1}, w_i)$ などは，天気の場合と同様に大規模な単語の並びのデータ，すなわち生コーパスから計算できる．ただし，英語のように単語間にスペースがあれば直接計算できるが，日本語や中国語の場合には単語分割を行っておく必要がある．

n-gram 言語モデルを用いれば，ある表現や文の出現確率を求めることができる．たとえば，bigram 言語モデルでは K 個の単語，$w_1 \cdots w_K$ からなる文の出現確率は次のように求められる．

$$P(w_1 \cdots w_K) = \prod_{i=1}^{K} P(w_i|w_{i-1}) \tag{2.4}$$

ここで w_0 は文頭を表すものとする．具体的に，「私は本を買った」の出現確率は次のように計算される．

$$\begin{aligned} P(私は本を買った) = &\, P(私 \mid 文頭) \times P(は \mid 私) \times P(本 \mid は) \\ &\times P(を \mid 本) \times P(買った \mid を) \end{aligned} \tag{2.5}$$

これはマルコフ性を仮定した近似であるが，日本語文のある種の傾向を捉えている．それは，「私」の後に主題を示す「は」が現れやすい，「本」は物であるので主格を示す「が」よりも対象を示す「を」が続きやすい，「を」の後には自動詞よりも他動詞の「買う」などが現れやすいなどの傾向である．そのためこのようにして求まる出現確率は自然な日本語文として妥当な値（それなりに大きい値）を持つことになる．

言語モデルは，それ単独ではある単語列の出現確率を与えるだけであるが，他の手がかりと組み合わせることで自然言語処理の応用システムで大きな威力を発揮する．たとえば，音声認識では，音響モデルによって（音として）「私和音多かった」と「私は本を買った」が同程度の確からしさである場合，後者の方が言語モデルによる出現確率が高いことから後者をより確からしい候補と判断することが可能となる．

それでは n-gram 言語モデルの n をどのような値にすればよいだろうか．一般に，長い履歴を見る方が言語モデルの値はより正確になる．すなわち，より確からしい表現により高い確率が与えられる．しかし逆に，言語表現として本来ありえる n-gram の確率が 0 になる**データスパースネス** (data sparsity) の問題が深刻になる．n の値は n-gram を計算する際に利用できる生コーパスの大きさにも関係し，従来は trigram 程度がよいとされていたが，最近では Google が大規模なウェブコーパスから計算した英語 5-gram，日本語 5-gram などが有効であることが知られている．

2.5 HMMによる品詞タグ付け

2.5.1 英語の品詞曖昧性

英語では，複数の品詞を持つ語が多いため，文が与えられたときに，文中の単語の品詞を求める**品詞タグ付け** (part-of-speech tagging, POS tagging) が重要な処理となる．たとえば，英語の品詞曖昧性の有名な例として，"Time flies like an arrow" という文には次のような複数の（面白い）解釈がありえる．

(6) Time flies like an arrow
 名詞 動詞 前置詞 冠詞 名詞
 （意味: 光陰矢のごとし）

(7) Time flies like an arrow
 名詞 名詞 動詞 冠詞 名詞
 （意味: 時蝿は矢を好む）

(7) は，flies を「蝿」の意味の名詞 fly の複数形，Time flies を名詞句「時蝿」，like を動詞「好む」と解釈したものである．複数形の名詞句と動詞 like が数の一致の上でも問題ないことがこの例のポイントである．

このような品詞の曖昧性を解消する上で，英語には日本語の単語・活用形の間の連接関係のような明確な規則（制約）は存在しない．考えられるのは，たとえば，形容詞の後には名詞がきやすいとか，各単語に優先される品詞がある（breakfast は名詞と動詞の可能性があるが，普通は名詞である）などの手がかりである．しかし，これらの適用順や優先度を人手で調整することは困難である．そこで，前章で説明した注釈付与コーパスが利用されることになる．

2.5.2 HMM

前節で，記号の出現確率への影響を一定範囲の履歴に限定するマルコフモデルを紹介した．1階マルコフモデルは，天気や単語など，観測される記号を状態と考えると，状態間をある確率で遷移し，遷移した各状態で対応する記号を出力するモデルであると捉えることができる．たとえば，前節で示した天気の1階マルコフモデルは図 2.4 のような遷移図で表現できる[†]．

これに対して，**HMM**（hidden Markov model，**隠れマルコフモデル**）とは，観測されない隠れた状態があり，その隠れた状態間である確率の遷移が起こり，遷移した各状態からさらにある確率で記号が出力されると考えるモデルである．

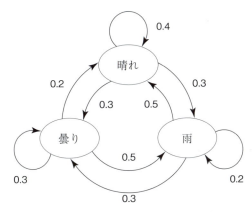

図 2.4　天気の 1 階マルコフモデルの遷移図

[†] 2階マルコフモデルの場合も，記号の bigram を1つの状態と考えれば同様に状態の遷移と捉えることができる．さらに高階の場合も同様である．

2.5.3　HMMによる品詞タグ付け

英語の品詞タグ付けの問題はHMMでモデル化することができる．すなわち，隠れ状態が品詞に相当し，各状態（品詞）から具体的な単語が出力されると考える．このようなHMMの遷移図を図2.5に示す．

ここでは，説明の簡単化のために品詞を

N（名詞），V（動詞），DET（冠詞），PREP（前置詞）

の4種類とする．品詞の遷移確率と品詞からの単語出力確率は，品詞付与コーパスがあれば最尤推定によってたとえば次のように計算できる．

$$P(\mathrm{V}|\mathrm{N}) = \frac{C(\mathrm{N,V})}{C(\mathrm{N})} = 0.31 \tag{2.6}$$

$$P(\mathrm{time}|\mathrm{N}) = \frac{C(\mathrm{time:N})}{C(\mathrm{N})} = 0.0037 \tag{2.7}$$

ここで，$C(\mathrm{N})$, $C(\mathrm{N,V})$ はそれぞれ品詞付与コーパス中の品詞Nの頻度と品詞bigram N,Vの頻度であり，$C(\mathrm{time:N})$ はNとタグ付けされた単語timeの頻度である[†]．

このように考えると，入力文に対する品詞タグ付けの問題は，その文を出力する最も確率の高い品詞列（状態遷移）を求める問題となる．これは図2.6に示すラティス構造の中から確率の積が最大のパスを求める問題であり，2.2節で説明した日本語形態素解析の場合と同様にビタビアルゴリズムで効率的に求めることができる．図2.6では，"Time flies like an arrow" に対して「光陰矢のごとし」に相当する品詞列が正しく求められている．

これまでに説明してきたモデル化は，入力単語列を $\boldsymbol{x} = x_1 x_2 \cdots x_n$，品詞列を $\boldsymbol{y} = y_1 y_2 \cdots y_n$ として，$\boldsymbol{x}$ が与えられた条件で最も確率が高い $\hat{\boldsymbol{y}}$ を求める以下の計算に対応している．

[†] HMMは音声認識や動作認識などでも広く利用される手法であるが，一般には，パラメータ（ここでは品詞遷移確率や品詞/単語出力確率の値）は観測データから自動推定する．ここでの品詞タグ付けのように隠れ状態を注釈として与えてパラメータを直接計算するのは少し特殊な方法である．

2.5 HMMによる品詞タグ付け

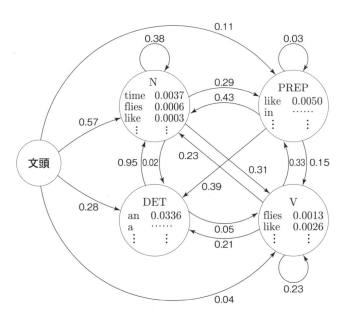

図 2.5 品詞を隠れ状態とする HMM の遷移図

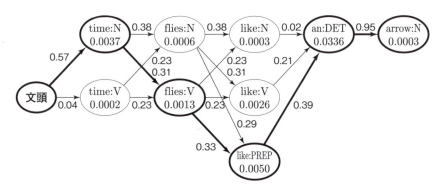

図 2.6 HMM に基づくビタビアルゴリズムによる品詞タグ付け

$$\begin{aligned}
\widehat{\boldsymbol{y}} &= \arg\max_{\boldsymbol{y}} P(\boldsymbol{y}|\boldsymbol{x}) \\
&= \arg\max_{\boldsymbol{y}} \frac{P(\boldsymbol{x}|\boldsymbol{y})P(\boldsymbol{y})}{P(\boldsymbol{x})} \\
&= \arg\max_{\boldsymbol{y}} P(\boldsymbol{x}|\boldsymbol{y})P(\boldsymbol{y}) \\
&= \arg\max_{\boldsymbol{y}} \prod_i P(x_i|y_i)P(y_i|y_{i-1})
\end{aligned} \qquad (2.8)$$

ここでは，品詞列のマルコフ性の仮定（式 (2.9)）と，単語出力がその品詞だけに依存する（前後の品詞列からは独立である）という近似（式 (2.10)）を行っている．

$$P(\boldsymbol{y}) = \prod_i P(y_i|y_{i-1}) \qquad (2.9)$$

$$P(\boldsymbol{x}|\boldsymbol{y}) = \prod_i P(x_i|y_i) \qquad (2.10)$$

直観的に理解しやすい別の近似として，式 (2.11) のように単語ごとに独立に最も確からしい品詞を求めるという方法も考えられる．しかし，品詞の並びの妥当性を考慮しないので高い精度とはならない．

$$\begin{aligned}
\widehat{\boldsymbol{y}} &= \arg\max_{\boldsymbol{y}} P(\boldsymbol{y}|\boldsymbol{x}) \\
&= \arg\max_{\boldsymbol{y}} \prod_i P(y_i|x_i)
\end{aligned} \qquad (2.11)$$

日本語の場合にも，形態素情報を付与したコーパスを用いて，同様に HMM による形態素解析を考えることができる．

2.6 機械学習による系列ラベリング

品詞タグ付けのように，データの系列に対してラベル付けを行う処理を，一般に**系列ラベリング** (sequence labeling) とよぶ．自然言語処理の問題の中には系列ラベリングとして捉えられる問題が多数あり，注釈付与コーパスを用いた機械学習の手法がいろいろと提案されている．

2.6.1 様々な手がかりの利用

HMMによる品詞タグ付けは，注釈付与コーパスを用いた言語処理の先駆的な方法であったが，注釈付与コーパスに与えられた情報を活用するという意味ではまだまだ改良の余地が残されている．

HMMでは x_i の品詞 y_i を決定する上で関係するのは y_{i-1} と単語としての x_i だけである．しかし，他にも手がかりとなる様々な情報が考えられる．たとえば，x_i が大文字ではじまるかどうか，-ing, -ed, -ly, -ion など単語末尾が特徴的な文字列であるかどうか，また，直前の単語や直後の単語も有効な手がかりであろう．

このような様々な手がかりを素性として表現し，素性の束に対する分類器（今の場合，品詞の分類を行うもの）を，注釈付与コーパスを教師データとして機械学習によって学習することが考えられる．機械学習手法としては，前節で紹介したナイーブベイズや，**SVM** (support vector machine)，**対数線形モデル** (log-linear model) など様々な手法がある．

このような考え方に基づく品詞タグ付けの比較的素朴な方法としては，文の先頭の単語から逐次的に分類器を適用し，品詞を決定していくモデルが考えられる．この場合には，入力文のすべての情報（上記で述べたように，その語自身，その語の部分文字列，前後の単語など）と，それまでに決定した文頭からその直前の語までの品詞列が素性として利用できる．

このような品詞タグ付けモデルは，一般にHMMによるモデルよりも性能が高く，特に未知語の品詞推定に強い．しかし，問題を局所的に解いているために，文全体の品詞列としては必ずしも妥当でないということがありうる．

2.6.2 CRF による品詞タグ付け

分類器の逐次適用における局所性の問題を解決する，系列の処理に適した学習方法として，対数線形モデルの一種である **CRF**（conditional random field, **条件付き確率場**）とよばれる方法がある．CRF は様々な系列ラベリングに利用できるが，ここでは品詞タグ付けを具体例として説明を進める．

CRF では，入力文（単語列）$\boldsymbol{x}$ が与えられたときに，それが品詞列 $\boldsymbol{y}$ を持つ条件付き確率を次のように計算する．

$$P(\boldsymbol{y}|\boldsymbol{x}) = \frac{1}{Z} \exp \sum_i \sum_j (\lambda_j \times f_j(\boldsymbol{x}, y_{i-1}, y_i, i)) \tag{2.12}$$

ここで，Z は $\sum_{\boldsymbol{y}} P(\boldsymbol{y}|\boldsymbol{x}) = 1$，すなわち，すべての品詞列の確率の和を 1 にするための正規化項である．また，$f_j(\boldsymbol{x}, y_{i-1}, y_i, i)$ は**素性関数** (feature function) とよばれるもので，入力文 $\boldsymbol{x}$ と品詞 bigram y_{i-1}, y_i から素性を抽出する働きをするもので，たとえば次のような関数が考えられる．

$$f_j(\boldsymbol{x}, y_{i-1}, y_i, i) = \begin{cases} 1 & (\text{単語 } x_i \text{の末尾が } ly \text{ で，} y_i \text{が副詞}) \\ 0 & (\text{それ以外}) \end{cases} \tag{2.13}$$

λ_j は各素性関数に対する重みで，注釈付与コーパスを用いて反復計算によって求めることができるが，その詳細は本書では省略する．

求める品詞列 $\widehat{\boldsymbol{y}}$ はこの条件付き確率を最大にするものと考える．$\arg\max$ に関係のない Z を除去し，exp をはずすことによって，最終的に以下のような計算を行うことになる．

$$\begin{aligned}\widehat{\boldsymbol{y}} &= \arg\max_{\boldsymbol{y}} P(\boldsymbol{y}|\boldsymbol{x}) = \arg\max_{\boldsymbol{y}} \frac{1}{Z} \exp \sum_i \sum_j (\lambda_j \times f_j(\boldsymbol{x}, y_{i-1}, y_i, i)) \\ &= \arg\max_{\boldsymbol{y}} \sum_i \sum_j (\lambda_j \times f_j(\boldsymbol{x}, y_{i-1}, y_i, i))\end{aligned} \tag{2.14}$$

この中の $\sum_j (\lambda_j \times f_j(\boldsymbol{x}, y_{i-1}, y_i, i))$ は y_{i-1} と y_i だけに依存しており，これを i について，すなわち各語について足し合わせればよいので，これまでと同様にビタビアルゴリズムによって効率的に最大値を与える $\widehat{\boldsymbol{y}}$ を求めることができる．

このモデルが優れているのは，計算の効率化のために素性関数の引数を品詞 bigram y_{i-1}, y_i に制限しつつ，$P(\boldsymbol{y}|\boldsymbol{x})$ という全体の最適化を行っている点にある．

2.6.3 固有表現認識

固有表現認識 (named entity recognition) も，系列ラベリングとして考えられる言語処理の問題の一つである．

地名，人名，組織名などの固有名に，時間や数量などを加えたものを**固有表現**とよぶ．テキスト中の固有表現を正しく認識することは，情報抽出・情報検索などの自然言語処理応用において非常に重要である．たとえば，表 2.2 に示した例文の認識結果をみれば，日付表現がどこまで続いているか，「ローマ」のように地名と組織名（もしかしたら人名）の曖昧性をどう扱うかなど，問題がそう簡単でないことがわかるだろう．

固有表現認識を系列ラベリングとして考える場合には，各単語に，地名の始点 (B-地名)，地名の続き (I-地名)，人名の始点 (B-人名)，人名の続き (I-人名)，…，いずれでもない (O)，などのラベルを付与する問題と考えればよい．このようなモデルは **BIO モデル**とよばれる．表 2.2 の一番右の欄にこの例文を BIO モデルで固有表現認識する場合のラベル列を示している．

教師データとして固有表現に関する注釈付与コーパスを作成しておけば，前節で説明した CRF などによってこのようなラベリングを行い，その組合せで

表 2.2 系列ラベリングによる固有表現認識

単語列	固有表現	BIO ラベル列
2001 年 夏	日付表現	B-日付表現 I-日付表現 I-日付表現
中田 英寿	人名	B-人名 I-人名
は		O
ローマ	組織名	B-組織名
から		O
移籍		O

固有表現を認識することができる．なお，ラベルの系列を選択する際に，スコアだけでなく，整合性を調べる必要がある．BIO モデルでは固有表現が I からはじまることは認められないので，たとえば「O I-地名」や「B-人名 I-地名」というラベル列は正しくない．これはビタビアルゴリズムでスコア計算をする際に，整合しないものを排除すればよい（日本語の形態素解析で連接可能でないノードを接続しないことと同じである）．

　日本語の固有表現認識では，新聞記事 1 万文に対して，組織名，人名，地名，人工物名，日付表現，時間表現，金額表現，割合表現の 8 種類，のべ約 2 万個の固有表現を付与した CRL 固有表現データがよく用いられる．素性として，ラベル付けする単語の前後 5 単語について，単語そのもの，品詞，文字種などを用いることで，CRL 固有表現データに対して精度 90% 程度の解析が実現されている．

　英語の場合には，地名，人名，組織名などの先頭が大文字になるという手がかりが有効であり，日本語より高い精度で解析が可能である．

演習問題

2.1 図 2.3 の例文のビタビアルゴリズムによる計算過程を確認し，図の太線が最適パスとなることを確かめよう．

2.2 JUMAN, MeCab, Chasen などの公開されている日本語形態素解析ツールをインストールし，ニュース記事やブログなどの様々な文章を実際に解析してみよう．JUMAN はウェブ上の CGI でも試すことができる．

2.3 図 2.6 の品詞タグ付け結果の最適パスの計算を確認してみよう．

2.4 日本語の HMM による形態素解析を考える場合，英語の場合とどのような点が異なるかを考えてみよう．

2.5 身近にある日本語テキストコーパスを形態素解析し，trigram モデルを計算し，実際にどのようなデータスパースネスの問題が起こるかを調べてみよう．

第3章

構文の解析

　文は1次元の語の並びであるが，その中には構文，すなわち語の結びつきの構造がある．その表現形式である依存構造表現と句構造表現，また，構文のコンピュータ処理の基礎となる文脈自由文法および代表的な構文解析法であるCKY法を解説する．さらに，構文的曖昧性の解消の手がかりを整理した後，機械学習に基づく構文解析の代表的な手法であるグラフに基づく依存構造解析および遷移に基づく依存構造解析のアルゴリズムを説明する．

3.1 木による構文の表現

文は 1 次元の語の並びであるが，そこには構造があり，並びとして離れた位置にある語が強い関係を持つこともある．文の構造は**構文** (syntax) とよばれ，構文は一般に木構造 (tree structure) によって表現することができる[†]．

3.1.1 依存構造表現

構文の表現には様々な方法がある．図 3.1(a) は日本の学校文法で習う**文節の係り受け**の構造である．文節は，1 語以上の自立語と 0 語以上の付属語からなるもので，日本語文の構造の基本単位として広く用いられている．1 章で紹介した京都大学テキストコーパスは，日本語文の構文として文節の係り受け構造の情報を付与したものであった．

日本語の係り受け構造においては，文末の文節を除いて，各文節は後ろの（右側の）いずれかの文節に係る．すなわち，日本語の文節係り受けは前から後ろ（左から右）への一方向である．また，係り受けの関係は原則として交差せず，これを非交差条件とよぶ．たとえば，図 3.1(a) において「古びた」が「彼だけが」に係ることは，「宿に → 泊まったらしい」の係り受けと交差するために許されない[††]．

係り受け構造は，図 3.1(b) のように木構造によって表現できる．木はノードと辺からなり，ノードは根（一番上のノード）を除いて 1 つの親ノードを持ち，0 個以上の子ノードを持つ．係り受け構造を木構造で表現する場合，係り元を子ノード，係り先を親ノードとし，根は係り先を持たない文末の文節に対応する．

係り受け構造は日本語だけでなく他の言語についても考えることができ，より一般的には**依存構造** (dependency structure) とよばれ，図 3.1(b) のような木は依存構造木 (dependency tree) とよばれる．その場合，係り先を**主辞** (head),

---

[†] syntax という用語は，文の構造を扱う言語学の一分野（この場合の日本語訳は統語論）や，文の構造を決める文法規則や仕組みをさすこともある．
[††] 非交差条件が破られる例外的な文としては「この本が私は面白いと思う」などがある（「本が → 面白い」と「私は → 思う」が交差する）．

係り元を修飾語・句 (modifier または dependent) とよぶ†.

図 3.1(c) は単語単位の依存構造木を示したものである．日本語の場合，文節内の単語の依存構造をどう表現するか，すなわち，「だけが」や「らしい」などの付属語と自立語の依存関係を表現する定まった方式はない．ここでは，すべて後ろにある付属語を主辞とする構造で表現した．図 3.1(d) には英語の単語単位の依存構造木の例を示す．

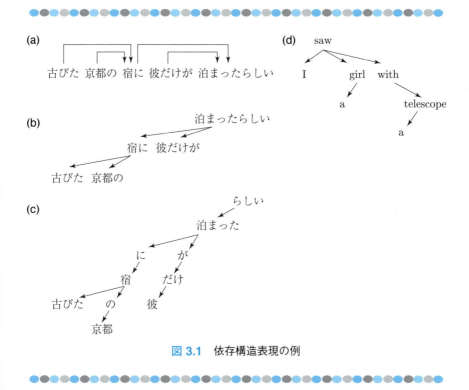

図 3.1 依存構造表現の例

---

† 依存構造木の表示において，辺の矢印の方向を係り元から係り先への向き（係り受け構造と同じ方向）にする流儀と，その逆にする流儀の両方がある．最近では後者が一般的であり，本書でもこれにならう．

3.1.2 句構造表現

依存構造表現は，語や文節がノードとなり，その間の依存関係がリンクで示されるという表現であった．これに対して，複数の語がまとまって句を作り，さらに複数の句がまとまってより大きな句を作るという表現方法があり，これを**句構造** (phrase structure)，または**構成素構造** (constituent structure) とよぶ．

図 3.2 は図 3.1 の日本語文，英語文を句構造で表現したものである．句構造では，語は木の葉（子を持たないノード）だけにあり，根に向かう間に品詞や句の種類を示す中間ノードが存在する．図 3.2(a) では，たとえば「京都の」と「宿」がまとまって名詞句「京都の宿」となり，それがさらに「古びた」とまとまってより大きな名詞句となる．日本語の助詞は自立語の後ろに位置することから**後置詞**ともよばれ，「名詞句 + 後置詞」からなる句を**後置詞句**とよぶ．

1 章で紹介した Penn Treebank は，英語文の句構造表現を括弧の入れ子構造で表現したものであり，図 3.2 のような木の表現に一意に変換することができる．

3.1.3 構文の曖昧性

自然言語の文には，複数の解釈が可能な文がある．たとえば図 3.1，図 3.2 の日本語文には，「宿が古びている」解釈と「京都が古びている」解釈があり，この違いは構文の違いとして表現できる．図は前者の解釈に対応する構文を示したものである．後者の解釈の場合は，たとえば図 3.1(b) の文節依存構造木では「古びた」を「京都の」の子ノードとする木となる．

同様に図 3.1，図 3.2 の英語文には，「望遠鏡で見る」解釈と「望遠鏡を持った少女」の解釈がある．これは英語の前置詞句が動詞句を修飾することも名詞句を修飾することもできるためであり，図は前者の解釈を示している．図 3.2(b) の句構造木において，girl の名詞句と with の前置詞句を先にまとめて，新たな名詞句を作る構文が，後者の解釈に対応する構文木である．

このように，ある文に複数の構文が考えられることを**構文の曖昧性**があるとよび，構文を決めることは文の解釈を決めることに相当する．与えられた文の可能な構文を求めること，またその中から妥当と考えられる構文を選択することを**構文解析** (parsing または syntactic analysis) とよぶ．

(a)
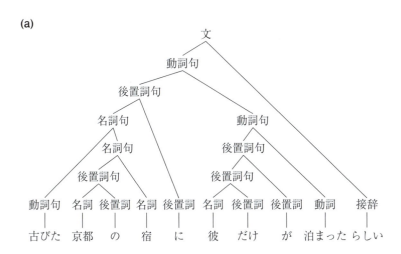

(b)
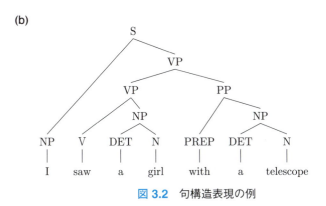

図 **3.2** 句構造表現の例

3.2 文脈自由文法と構文解析

3.2.1 文脈自由文法

文法 (grammar) とは，広義には，言語の体系を分析・記述するものであり，人間の言語能力をさす場合もある．しかし，ここでは自然言語の文の構造を規定するものを文法とよぶこととし，まず，自然言語処理において広く用いられている**句構造文法** (phrase structure grammar) について説明する．

前節で句構造表現を説明した（**図 3.2**）．句構造文法は，句構造表現における一段階の親子関係を取り出し，これを次のような規則として捉えたものである．

$$S \rightarrow NP\ VP$$

このような規則を**書き換え規則** (rewriting rule) または**生成規則** (production rule) とよぶ．この英語文に対する規則は，S（文）は NP（名詞句）と VP（動詞句）に書き換えられる，あるいは逆に NP と VP から S が作られるということを示している．

句構造文法においては，句構造木の葉ノード，すなわち単語に相当するものを**終端記号** (terminal symbol)，それ以外の句に相当するものを**非終端記号** (nonterminal symbol) とよぶ．また，非終端記号の中で，S のように句構造の根ノードに相当するものを特別に**開始記号** (start symbol) とよぶ．

句構造文法には，どのような形の書き換え規則を許すかによってクラスがあり，形が自由であれば表現能力が高いがその取扱い（計算）が困難であり，形が制限されればその逆になる．自然言語の文を扱う場合には，書き換え規則の左辺（矢印の左側）を非終端記号 1 つに制限する**文脈自由文法** (context free grammar, CFG) が用いられることが一般的である．

文脈自由文法の中で，さらに，書き換え規則の右辺が非終端記号 2 つ，または終端記号 1 つであるという制限を設けたものを**チョムスキー標準形** (Chomsky normal form) とよぶ．図 **3.2** に示したものは，チョムスキー標準形の文脈自由文法による句構造であり，その書き換え規則の一覧を**表 3.1** に示す．なお，任意の文脈自由文法は等価なチョムスキー標準形に機械的に変換することができる．

句構造文法は，開始記号からはじめて順に書き換え規則を左から右に適用し，

すべてが終端記号列に書き換えられればそれが言語の文である，という形で言語を規定する．一方，逆に，文からはじめて書き換え規則を右から左に適用し，開始記号に到達すれば，それによって図 3.2 に示したように文の構造を知ることができる．すなわち，これが構文解析である．

3.2.2 CKY 法

与えられた文に対して，文脈自由文法として記述された文法規則を満たす文の構造はどのようにして求められるだろうか．ここでは，表 3.1 に示したチョムスキー標準形の文脈自由文法に基づいて，"I saw a girl with a telescope" という文の構造を求める問題を考える．

まず考えられる単純な方法は，開始記号からはじめて，順に規則を適用して非終端記号を書き換えていき，これを与えられた文が得られるまで繰り返すという方法である．解析失敗であることがわかったら，別の規則の適用が可能であった時点まで後戻りして，解析を再開する．

$$S \Rightarrow NP\ VP \Rightarrow DET\ N\ VP \Rightarrow a\ N\ VP\ \times$$
$$\Rightarrow NP\ PP\ VP \Rightarrow \cdots$$

しかし，この方法は，入力文の長さに対して指数オーダの計算時間を必要とす

表 3.1 英語文の文脈自由文法（チョムスキー標準形）

句構造規則	辞書規則
S → NP VP	N → I | girl | telephone
NP → DET N	NP → I | girl | telephone
NP → NP PP	V → saw
VP → V NP	VP → saw
VP → VP PP	DET → a
PP → PREP NP	PREP → with

注）右辺が，非終端記号 2 つの規則を句構造規則とし，終端記号 1 つの規則を辞書規則として区別しておく．句構造規則の右辺の下線については 3.3 節で説明する．

る方法であり，現実的な方法ではない．

単純な方法の問題点は，解析の途中経過を記憶しないため，無駄な計算を繰り返す点にあった．この問題を，途中経過をテーブルとして記憶することで解決する **CKY 法** (Cocke-Kasami-Younger algorithm) とよばれる方法を説明する．

CKY 法の疑似コードを図 3.3 に，CKY 法による解析例を図 3.4 に示す．CKY 法では三角行列 $a(i,j)$ ($1 \leq i \leq j \leq n$, n は単語数) をテーブルとして用い，入力文から S を作り出す方向に解析を進める．

まず，辞書規則を参照することによって，入力文の i 番目の単語を生成する非終端記号を対角線要素 $a(i,i)$ に与える．次に，要素 $a(i,j)$ に i 番目から j 番目までの隣接する単語列を生成する非終端記号を与える．これは $a(i,k)$ ($i \leq k < j$) 中の記号と $a(k+1,j)$ 中の記号をまとめる句構造規則を探し，その左辺の非終端記号を与えることによって実現される．この処理を対角線要素からはじめて順に右上方向に進めていく．たとえば，図 3.4 の $a(3,4)$ の NP_4 は，$a(3,3)$ の DET_1 と $a(4,4)$ の N_2 から 2 番目の句構造規則によって作られる．また $a(3,7)$ の NP_6 は，$a(3,4)$ の NP_4 と $a(5,7)$ の PP_1 から 3 番目の句構造規則によって作られる．

このように表中に与える非終端記号はインデックスによって区別し，各記号がどの 2 つの記号をまとめて作られたものであるかをポインタによって記録しておく．最終的に $a(1,n)$ に S が与えられれば，入力文の解析は成功となり，S からポインタを逆にたどることによって文の構造を得ることができる．CKY 法は，疑似コードにおいて入力文の長さ n に関するループが 3 重であることから明らかなように，計算量は $O(n^3)$ である．

CKY 法では，構文の曖昧性がある場合，文法を満たすすべての構文（解釈）が解析結果に含まれる．図 3.4 の例では，$a(2,7)$ の VP_3 に 2 つの作り方があることが構文の曖昧性を示している．すなわち，V_1 と NP_6 から作られる VP は「望遠鏡を持った少女」という解釈に，VP_2 と PP_1 から作られる VP は「望遠鏡で見る」解釈に対応するものである．

文法を満たす構文の中には，自然な構文，若干不自然な構文，意味的に不適当な構文など様々なものが含まれる．これらの中から，最も妥当な構文を選択する方法については 3.4 節以降で説明する．

3.2 文脈自由文法と構文解析

入力文 $:= w_1\ w_2\ \cdots\ w_n$
for $i := 1$ **to** n **do**
  $a(i,i) = \{\text{A} \mid \text{A} \to w_i \in \text{辞書規則}\}$
for $d := 1$ **to** $n-1$ **do**
  for $i := 1$ **to** $n-d$ **do**
    $j = i+d$
    for $k := i$ **to** $j-1$ **do**
      $a(i,j) = a(i,j)$
          $\cup\ \{\text{A} \mid \text{A} \to \text{BC} \in \text{句構造規則}, \text{B} \in a(i,k), \text{C} \in a(k+1,j)\}$
if $(\text{S} \in a(1,n))$ **then** accept **else** reject

図 **3.3** CKY 法

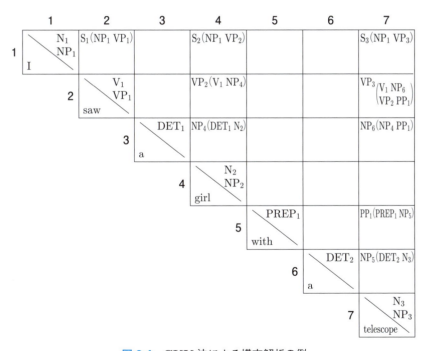

図 **3.4** CKY 法による構文解析の例

3.3 依存構造表現と句構造表現の関係

　文の構造の表現方法として依存構造表現と句構造表現を紹介したが，ここでこれらの違い，関係を整理しておこう．

■依存構造表現は，日本語文の解析で古くから用いられてきた．日本語文は語順が比較的自由で，省略も頻繁に起こる．このような性質を持つ日本語文に対して，語句と語句の直接の修飾関係を定義する依存構造表現は自然な表現である．

　また，依存構造表現は，非終端記号が必要ないという意味で恣意性が少ない，名詞と動詞の関係を直接捉えられるので意味処理につなげやすいなどの長所がある．最近では日本語以外の多くの言語の解析でも広く用いられるようになってきている．

■句構造表現は，英語などの語順が固定的で省略の少ない言語の構文の説明に適した表現であり，英語を対象とする言語学，自然言語処理において広く用いられてきた．非終端記号を設計する必要があり，また恣意性の問題があるが，逆により豊かな情報を表現できる形式である．

　句構造表現から依存構造表現への変換は，書き換え規則の右辺に主辞を定義しておき，句構造木の主辞を順に親ノードへ伝搬させることで実現できる．表 3.1 の句構造規則では右辺に下線を引いたものが主辞であり，この情報を用いれば図 3.2(b) の句構造表現を図 3.1(d) の依存構造表現に変換できる．逆に，依存構造表現から句構造表現へ一意の変換を行うことは一般にはできない．

3.4 構文的曖昧性の解消の手がかり

自然言語では多くの場合，ある文に対して複数の構文が考えられる，すなわち構造的曖昧性がある．3.2 節で紹介した CKY 法においても，文法を満たす複数の構文が出力された．本節では，その中から妥当な構文を選択する方法について考える．

3.4.1 形に対する手がかり

構文の解釈において，意味が重要な役割をはたすことは間違いない．しかし人間は，新たな，未知のことを聞いても多くの場合それを解釈できるので，構文の形に対してある種の優先的な解釈が存在するはずである．

最も基本的で強力な手がかりは，近くのものを修飾する，あるいは近くのものと関係を持つという性質である．たとえば「A の B の C」という名詞句には「A の」が「B」を修飾するか「C」を修飾するかという曖昧性があるが，一般には前者が優先される．述語と項の関係の場合も同様であり，「N で V_1 して V_2 した」でも，「N で」が「V_1 して」を修飾する解釈が優先されるであろう．

英語においては，これは **right association** として知られる優先解釈で，たとえば，次の文では，yesterday が thought ではなく rain を修飾する読みが優先される．

(1) I thought it would rain yesterday.

この名称は，英語の副詞や前置詞句は後ろから前を修飾するが，そのときに右側（後ろ）にある近い句とまとまりやすいというところからきている．

このように「近くのものを修飾する」という性質は，そのような文章の方が人間の解釈の認知的負荷が軽く，書き手の側もできるだけそのような構文を優先するということとも関係している．

日本語では，この他にも，トピックを示す「〜は」という句は文末の述語に係りやすい，読点の直前の句は直近というよりももう少し遠くを修飾しやすい，などの傾向がある．

このような形に対する手がかりは強力で，日本語の文節単位の係り受けでは，

基本的な文法の制約を満たすものの中で，「最も近くを修飾する」とするだけで 80% 程度の精度で正しい構造が求まる（ここでの精度は，各文節について正しい係り先が求まる割合）．これは，より高度な構文解析手法に対するベースラインとなる．

3.4.2 意味の手がかり

　構文的曖昧性解消の最も重要な手がかりは意味である．意味について古くからある考え方に**選択制限** (selectional restriction) がある．これは，特に動詞，形容詞などの述語について，どのようなものが項となるかに制限があるという考え方である．たとえば「食べる」の目的語にくるのは，食べ物や食べられるものであって，それ以外のものはこないと考える．これによって，構文的曖昧性がある場合，選択制限を満たさない解釈を排除することができる．

　この考え方は一見妥当に思えるが，先に説明したメタファーやメトニミーなどの語の創造的使用を考えると，必ずしも絶対的に制限できるものではない．「ガソリンを食う」「秋を味わう」などは普通に使用される表現であり，キャッチコピーなどではもっと突飛な表現もありえる．

　そこで考えられるのが**優先的解釈** (preference) である．優先的解釈とは，絶対的ではないが，一般的によくそう言われるということに基づく確からしい解釈である．たとえば「古びた京都の宿」には 2 つの構文が考えられるが，優先される解釈は「古びた → 宿」である．これは「古びた宿」のように「古びた」が施設，具体物を修飾する表現はよく使われるが，「古びた京都」のように地名を修飾する表現は一般的でないためである．このような判断を行うためには，実際の言語使用における語の振る舞いを学習する必要がある．

3.5 グラフに基づく依存構造解析

問題は，語の振る舞いをどう学習するか，さらにそれを先に述べた形の手がかりとどのように統合するかという点にある．この問題は，1章で説明した注釈付与コーパスを用いて，教師有り機械学習の枠組みで扱うことができる．ここでは，機械学習に基づく構文解析の代表的手法である，グラフに基づく方法を紹介する．

3.5.1 問題の定式化

入力の単語列を $\boldsymbol{x} = x_1 x_2 \cdots x_n$ とする．グラフに基づく方法では，語をノード（節点）で，依存関係を主辞から修飾語への有向辺で表現する[†]．まず，文全体の主辞を指し示すための特別な語 ROOT ($= x_0$) を文頭におく．そして，すべての語の間に依存関係の有向辺 (i, j) を作り（ROOT からは出力辺のみ），各有向辺にその依存関係の良さを示すスコア $s(i, j)$ を与える（$s(i, j)$ の計算方法については後ほど説明する）．図 **3.5**(a) に有向グラフによる表現の例を示す．

このようなグラフ表現に基づき，構文解析の問題を，このグラフから**最大全域木** (maximum spanning tree，MST) を発見する問題と捉える．全域木とはグラフの頂点をすべて含み，ループのない辺の集合であり，最大全域木とは，そこに含まれる辺のスコアの和が最大の全域木である．すなわち有向辺 (i, j) の集合である全域木を $\boldsymbol{y}$ で表すと，

$$\widehat{\boldsymbol{y}} = \arg\max_{\boldsymbol{y}} \sum_{(i,j) \in \boldsymbol{y}} s(i, j) \tag{3.1}$$

となる $\widehat{\boldsymbol{y}}$ を求める問題となる．図 **3.5** の例では，(e) に示したものが最大全域木であり，妥当な構文解析結果となっている．

最大全域木を求める問題は，構文に非交差条件を与えるかどうかで方法が異なる．非交差条件を満たす構文を **projective**，満たさない構文を **non-projective** とよぶ．前章で述べたとおり，日本語や英語は原則として projective であるため，例外的な文を扱うために non-projective を考慮するとかえって解析精度が

[†] 語のノードに対して，語が主辞となる有向辺，すなわち，そのノードから出て他のノードに入る辺を出力辺 (outgoing edge)，その逆を入力辺 (incoming edge) とよぶ．

低下してしまう．一方，チェコ語などでは non-projective な文も少なくないため，non-projective な構文を許す解析が必要となる．

3.5.2　Non-projective な場合の依存構造解析

non-projective な場合の解析の方が projective な場合よりもシンプルである．交差してはいけない，ということをチェックする必要がないので，基本的には，各ノードへの入力辺の中でスコア最大のものを選択すればよい．このような考え方は**貪欲法** (greedy algorithm) ともよばれる．問題となるのは結果としてループができた場合で，その場合にはループを 1 つのノードに縮約した上で，貪欲法による選択をループがなくなるまで繰り返す．この方法は **Chu-Liu-Edmonds 法**とよばれる．この方法による解析の過程を図 3.5 に示す．

ループができた場合の縮約ノードの作り方を詳しくみておこう．図 3.5(a) のグラフで各ノードへのスコア最大の入力辺を選ぶと，(b) のように John と saw のループができる．ここから縮約ノードを作ったものが (c) である．

縮約ノードからの出力辺は，外側のノードごとに，最もスコアの大きいものを選ぶ．(c) では外側のノードは Mary だけで（ROOT は入力辺がないため），John からの 3 と saw からの 30 で，後者を採用する．

縮約ノードへの入力辺は，外側の各ノードに対して，あるノードに入り，そこからループに沿ってノードを一巡する（ループを最後までたどってもとのノードに戻ることはしない）際のスコアの合計を計算し，その値の大きいノードを選択し，その合計を辺のスコアとする．図 3.5(c) の ROOT からの入力辺の場合，ROOT → saw → John と行けば 25，ROOT → John → saw と行けば 14 であるので，前者を採用する．Mary からの入力辺についても同様に計算し，スコア 24 の Mary → John → saw を採用する．

縮約の際に行うこのような操作は記憶しておく．最後にループのない全域木が求まれば，各縮約操作の履歴をたどることで，最終的にもとのグラフに対する最大全域木が求まる．図 3.5 の例では，2 回目で (d) のようにループのない全域木が求まるので，ここから縮約ノードの関係を復元し，最終的に最大全域木 (e) が求まる．

この方法の計算量は，入力文の語数を n としたとき $O(n^2)$ であることが知られている．

3.5 グラフに基づく依存構造解析

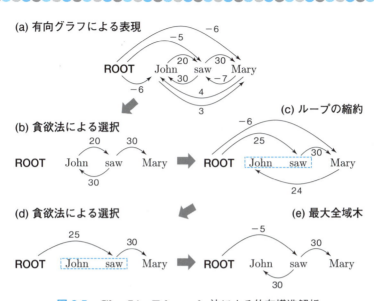

図 3.5 Chu-Liu-Edmonds 法による依存構造解析

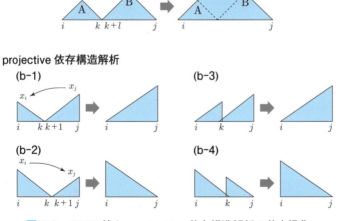

図 3.6 CKY 法と projective 依存構造解析の基本操作

3.5.3　Projective な場合の依存構造解析

projective な場合の解析では，3.2 節で紹介した CKY 法を依存構造解析用に拡張し，さらに，スコア最大の木を求めるために DP（ダイナミックプログラミング）の考え方を用いる[†]．

CKY 法での基本操作は，図 3.6(a) に示すとおり，2 つの隣接する句構造があり，それを書き換え規則によってまとめ新たな句を作るというものであった．projective 依存構造解析では，依存関係によって木を作っていくが，その際，主辞が左端または右端にあるものだけを考える．この場合の木の組合せ操作は図 3.6(b) に示す 4 通りの操作となる．操作 (b-1) は依存関係 $x_i \leftarrow x_j$ によって，操作 (b-2) は依存関係 $x_i \rightarrow x_j$ によって，2 つの木を 1 つにまとめる操作である．一方，操作 (b-3)，操作 (b-4) は，i から k までの木と k から j までの木をまとめる操作である．

解析全体は CKY 法と同様に三角形のテーブルを用いて行う．語を対角要素に配置し，操作 (b-1)～(b-4) によって順に右上方向に木を構築していく．このとき，カバーする範囲（テーブルの位置に相当）と，主辞が左端か右端かを区別した上で，その範囲の木の最大スコアを記憶していく．この方法の疑似コードを図 3.7 に示す．ここで，$s(i,j)$ は x_i から x_j への有向辺のスコアであり，$a(i,j,\leftarrow)$ は i から j の範囲で x_j が主辞となる木の最大スコアを保持し，$a(i,j,\rightarrow)$ は i から j の範囲で x_i が主辞となる木の最大スコアを保持する．これは系列解析で用いたビタビアルゴリズムと同様に DP の考え方に基づく方法である．projective 依存構造解析によって図 3.5(a) の有向グラフから最大全域木を求める過程を図 3.8 に示す．

この方法の計算量は，CKY 法と同様に $O(n^3)$ である．

3.5.4　スコアの学習方法

x_i から x_j への有向辺のスコア，すなわち，x_i が主辞，x_j が修飾語となる依存関係のスコアは次のように計算する．

[†] この方法は Eisner 法として知られる方法を，著者によって少し整理したものである．混乱をさけるため，ここでは Eisner 法とはよばないこととする．

3.5 グラフに基づく依存構造解析

$$s(i,j) = \sum_m \lambda_m \times f_m(i,j) \tag{3.2}$$

ここで，$f_m(i,j)$ は x_i, x_j の依存関係を特徴づける素性を取り出す素性関数である．素性としては，x_i, x_j の語そのものと品詞，x_i と x_j の距離と依存関係の方向，さらに x_i, x_j の周辺の語と品詞などを考慮する．λ_m は各素性関数に対応する重みで，注釈付与コーパスを用いて，ある重みで求まる依存木と正しい依存木との差分に基づく反復計算によって求められる（2章の系列解析と同様の枠組み）．

このようにグラフ表現に基づく最大全域木として依存構造解析を行う方法は MSTParser とよばれるソフトウェアとして公開されている[†]．Penn Treebank を句構造表現から依存構造表現に自動変換して依存構造解析用の注釈付与コーパスとした場合，MSTParser による解析精度（各語の主辞が正しく求まる割合）は 90% 強である．また，non-projective な言語であるチェコ語については，正しい依存構造を付与したコーパス，Czech Prague Dependency Treebank に基づく解析精度が 85% 程度である．

入力文 $:= x_0\ x_1\ \cdots\ x_n$
for $i := 0$ **to** n **do**
 $a(i,i,\leftarrow) = 0.0$
 $a(i,i,\rightarrow) = 0.0$
for $d := 1$ **to** n **do**
 for $i := 0$ **to** $n - d$ **do**
  $j = i + d$
  $a(i,j,\leftarrow) = max\ \{\ max_{i \leq k < j}\ (a(i,k,\rightarrow) + a(k+1,j,\leftarrow) + s(j,i)),$
          $max_{i < k < j}\ (a(i,k,\leftarrow) + a(k,j,\leftarrow))\ \}$
  $a(i,j,\rightarrow) = max\ \{\ max_{i \leq k < j}\ (a(i,k,\rightarrow) + a(k+1,j,\leftarrow) + s(i,j)),$
          $max_{i < k < j}\ (a(i,k,\rightarrow) + a(k,j,\rightarrow))\ \}$

図 3.7 projective 依存構造解析

[†] http://sourceforge.net/projects/mstparser/

52 第3章 構文の解析

図 3.8 projective 依存構造解析の例

3.6 遷移に基づく依存構造解析

機械学習によるもう一つの依存構造解析の手法として，**遷移に基づく依存構造解析** (transition-based parsing) とよばれる手法がある．この手法で依存構造を解析する様子を図 3.9 に示す．

この手法では入力文を先頭から順に解析する．まずバッファとよばれる領域に入力文を入れ，スタックとよばれる領域を用いて，次の3つの遷移 (transition) のいずれかを選択することにより解析を進める．

Shift：バッファの先頭の単語をスタックに移す．
Left Arc：スタックの右端の2単語を w_i, w_j としたとき，w_i が w_j に係るとして，w_i をスタックから除く．
Right Arc：スタックの右端の2単語を w_i, w_j としたとき，w_j が w_i に係るとして，w_j をスタックから除く．

最終的に，バッファが空となり，スタックに1語だけ残った状態で解析終了となる．最後にスタックに残った単語が文全体の主辞となる．

図 3.9 の例では，まず，John, saw が Shift 操作によってスタックに移り，次に Left Arc 操作によって John が saw の子となってスタックから除かれる．このようにして最終的に図の一番下に示すような構造が得られる．

この手法では各状態で1つの遷移操作を選択して解析が進む．すなわち解析は決定的 (determinisitic) である．3つの操作の中から適切な操作を選択することが構造的曖昧性の解消に相当する．

この選択はまさに分類問題であり，これまでの手法と同様に注釈付与コーパスを用いて機械学習を行うことができる．注釈付与コーパス中の各文の正しい依存構造から，遷移に基づく依存構造解析の正しい遷移系列を求める．そこで，解析の各途中状態から，選択の手がかりとなる素性，たとえば，スタックの右端の単語，その品詞，その単語がどのような子を持つか，バッファの先頭の単語，その品詞，などを素性列として取り出し，それらの素性列とそこでの正しい操作の組を訓練データとする．後は，機械学習の手法を用いて，素性列から正しい操作を選択する分類器を学習すればよい．

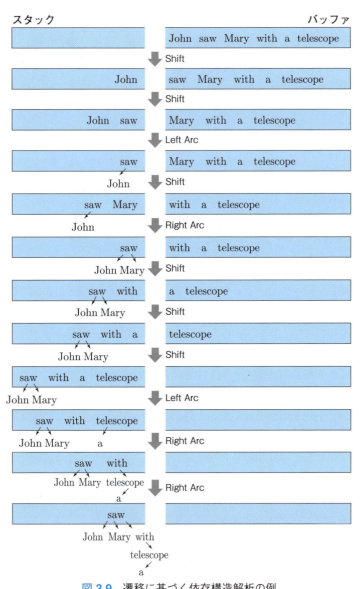

図 3.9 遷移に基づく依存構造解析の例

3.6 遷移に基づく依存構造解析

遷移に基づく依存構造解析は，決定的に解析が進むので効率的ではあるが，ある段階で誤った遷移操作を選択してしまうと，後からそれを修正することはできない．そこでビームサーチ (beam serach) という考え方を用いて，スコアの高い遷移系列を一定数保持して解析を進めるという方法もあり，それによって解析精度が数ポイント向上することが知られている．

ここまで紹介した方法では projective な解析しか行うことができないが，すでに述べたように，non-projective な構文がある程度出現する言語も少なくない．遷移に基づく依存構造解析の枠組みで non-projective な文の解析を実現するためには，新たな遷移操作として次の操作を加えればよい．

Swap：スタックの右端の 2 単語を w_i, w_j としたとき，w_i と w_j を入れ替える．

前節で説明したグラフ表現に基づく依存構造解析とここで説明した遷移に基づく依存構造解析は，様々な言語の解析において同程度の精度である．遷移に基づく依存構造解析を行う方法は MaltParser とよばれるソフトウェアとして公開されている[†]．

[†]http://maltparser.org/

演習問題

3.1 日本語の文脈自由文法を考え，図 3.1(a) の文を CKY 法によって解析してみよう．

3.2 日本語の文脈自由文法の書き換え規則の右辺に主辞を定義し，図 3.2(a) の句構造表現を図 3.1(c) の依存構造表現に変換してみよう．

3.3 図 3.5 の Chu-Liu-Edmonds 法の説明で，縮約ノードの出力辺，入力辺の作り方の妥当性を考えてみよう．

3.4 図 3.5 の Chu-Liu-Edmonds 法の説明で，ROOT からの有向辺のスコアがすべて相対的に小さな（マイナスの）値になっていることの意味を考えてみよう．

3.5 図 3.9 の例文の解析において，with a telescope が Mary を修飾する構造はどのような遷移系列で得られか考えてみよう．

3.6 "A hearing is scheduled on the issue today" という文は，on the issue が hearing を修飾し，today が scheduled を修飾すると解釈すると non-projective な構造を持つ．遷移に基づく依存構造解析によって，そのような依存構造をえる Swap を含めた遷移系列を考えてみよう．

第4章

意味の解析

　語の意味をどのように定義するか，また，辞書やシソーラスにおける意味の定義について説明する．さらに，同義性，多義性の問題を整理し，大規模コーパス中の共起をもとに計算する分布類似度，および語義曖昧性解消について説明する．次に，文の意味表現として，述語を中心とした述語項構造を考え，述語と項の関係として格や意味役割を考える．英語の注釈付与コーパスに基づく意味役割付与，また，日本語の大規模コーパスからの格フレーム構築とこれに基づく格解析について解説する．

4.1 語の意味

4.1.1 語の意味の定義

　言語における意味の基本単位は語である．ある一連の対象に対して語が与えられることにより，他の語で表現される別の一連の対象との区別が可能となる．このように語は世界の様々な対象を**分節** (articulate) する働きを持ち，語が与えられることではじめてその一連の対象に対応する概念が作られるともいえる．たとえば，日本語の世界では「わびさび」という語がありその概念があるが，この語を持たない英語の世界にはこれに明確に対応する概念がなく，その説明には苦労を要するということになる．

　語の意味，または語によって表現される概念はどのように定義することができるだろうか．ある概念について，その本質的な特徴・性質を**内包** (intension) とよび，それに含まれる（属す）すべてを**外延** (extension) とよぶ．内包または外延によって概念を定義することができる．数学の集合を定義する場合にもこの2通りの方法があり，次の集合 A の2つの定義の違いはわかりやすいであろう．

　　内包的定義： $A = \{x | x \text{ は } 10 \text{ 以下の奇数}\}$
　　外延的定義： $A = \{1, 3, 5, 7, 9\}$

　一般に，概念はその関係を階層化して考えることができ，上位の階層を**類**または**上位概念**，下位の階層を**種**または**下位概念**とよぶ（図 **4.1**）．種は類から特徴・性質を受け継ぐ．

　内包的定義は概念の本質的な特徴・性質を示すものであるので，特徴・性質を受け継ぐ最も近い類（最近類）を示し，さらに，その最近類の他の種と区別するための差（種差）を示せばよい．たとえば，「植物」は最近類が「生物」であり，「動物」との種差を示す特徴は「光合成を行うこと」である．一方，外延的定義ではその概念に属す具体例を列挙する．これは，その概念を類としたときの種を示すことで実現され，たとえば「植物」の場合には「種子植物」「シダ植物」「コケ植物」などを示すことになる．

　語の意味の定義として思い浮かぶのは，国語辞典などに与えられている見出

し語の語釈文，すなわち，語の意味を自然言語で表現したものであろう．そこでは，まず1文目で「種差＋最近類」という形で内包的定義が与えられ，場合によっては2文目に外延的定義が与えられる．「植物」の場合はたとえば次のようになる．

【植物】光合成を行う生物．種子植物，シダ植物，コケ植物などがある．

これ以外に，それがどのような要素から構成されているか，逆にどのようなものの構成要素となっているかという全体部分関係による定義や，機能・目的の観点からの定義なども考えることができる．

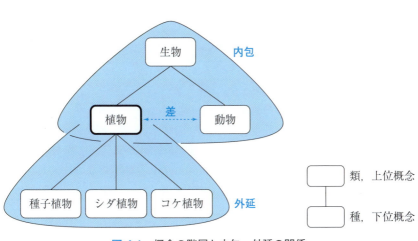

図 4.1　概念の階層と内包・外延の関係

4.1.2 語の創造的使用

　言語の使い方や意味は常に変化している．言語の変化，特に語の意味の拡張や創造的使用の根源の一つが比喩である．比喩は，その名のとおり「比べ，喩える」表現で，新たなことや抽象的なことを記述・伝達する際に，既存の具体的なものごとにたとえることで記述・伝達を効率的で理解容易なものにする．

(1) a. 彼女はダイヤモンドのようだ．
　　 b. 彼女はダイヤモンドだ．
　　 c. 彼女はスターだ．
(2) a. 鍋を食べる．
　　 b. 白バイに捕まる．
　　 c. 漱石を読む．

　比喩の中で，(1a)のように「～のようだ／ような」などの比喩を明示する表現を伴うものを**直喩** (simile) とよぶ．ここでは「ダイヤモンド」の「輝く」という特徴・属性が取り出されており，このような特徴・属性を**顕現性** (salience) とよぶ．

　これに対して，(1b)のように比喩を明示する表現なしに使われるもので，やはり特徴・属性に注目するものを**メタファー** (metaphor, **隠喩**) とよぶ．この場合，一時的に「ダイヤモンド」の意味が拡張され，「輝くもの」という意味を持ったと考えることもできる．この用法が人々の中で慣習化すれば，これが「ダイヤモンド」の意味の一部として定着することもありえる．(1c)の「スター」の例は，もとの星の意味が拡張され，「輝くもの」「人気者」という意味がすでに定着したものである．日本語の「星」の場合も「希望の星」などという場合には定着した用法と感じられる．

　一方，(2a), (2b), (2c) のように，容器-中身，付属物-主体，作者-作品などの近接性の関係による比喩を**メトニミー** (metonymy, **換喩**) とよぶ．メトニミーの場合も，意味の一部として定着するものもあり，たとえば(2a)は説明されてはじめて比喩の一種であったことに気づくという例であろう．

　このような語の創造的使用は決して例外的なものではなく，むしろここに人間の言葉の使い方，さらには認知の仕組みの本質があると考えるべきである．

4.1.3 シソーラス

シソーラス (thesaurus) とは，意味の上位下位関係，同義関係を中心に語を体系的にまとめた辞書で，4.1.1 項で述べた概念の階層を表現したものともいえる．自然文によって意味を定義する辞書に比べて，コンピュータ処理に適していることから，自然言語処理における意味のリソースとして広く利用されてきた．

シソーラスの最初のものは英国の医師，ロジェ (P. Roget) によって編纂され1852年に出版された **Roget's Thesaurus** とよばれるものであり，ここではじめてシソーラスという言葉が使われた．

自然言語処理の分野で最も広く活用されているシソーラスは，米国のプリンストン大学の心理学者，ミラー (G. Mille) などによって1980年代から継続して構築・改良されている英語のシソーラス，**WordNet** である．WordNet では，synset とよばれる同義語の集合が基本単位となり，各 synset に対して，その上位語 (hypernym)，下位語 (hyponym)，全体語 (holonym)，部分語 (meronym) などに相当する synset がリンクされている．図 **4.2** に WordNet の synset の

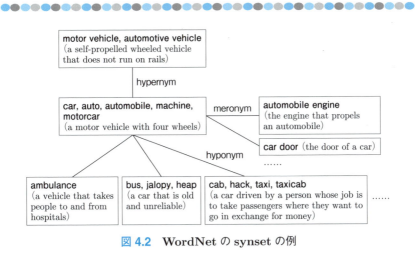

図 **4.2** WordNet の synset の例

例を示す．ある語が多義である場合は，複数の synset に属すことになる．たとえば，car は図 4.2 の synset 以外にも，{car, railcar, railway car, railroad car}, {car, gondola}, {car, elevator car} などの synset に属している．これは多義性の定義と考えることができ，多義性解消において利用できる（4.3 節）．最新の WordNet3.0 は約 12 万 synset，約 15 万語を収録しており，ウェブからダウンロードして利用することができる[†]．

WordNet を他の言語に拡張することも広く行われている．EuroWordNet プロジェクトはヨーロッパ言語への拡張を行っている．さらに，中国語，アラビア語，インド諸言語の WordNet も存在する．日本語についてもボンド (F. Bond) らによって日本語 WordNet が構築されている[††]．

日本語のシソーラスとしては，この他に，国立国語研究所による分類語彙表，EDR 電子化辞書プロジェクトによる概念体系辞書，NTT による日本語語彙大系などがある．

このように人手で構築されたシソーラスは高品質であるが，そのカバレッジには限界がある．固有名詞，専門用語，新語，俗語，さらに語の意味の拡張・変化など，自然言語の語彙は膨大でかつ流動的であるからである．この問題を解決する方法としては，Wikipedia などウェブ上の進化する大規模辞書から，用語の説明・定義が「種差＋最近類」となっていることを利用して上位下位関係を自動抽出する方法がある．他にも大規模コーパスから次節で述べる分布類似度の計算によって同義関係を捉える方法などが考えられる．

[†]http://wordnet.princeton.edu/
[††]http://compling.hss.ntu.edu.sg/wnja

4.2 同義性

語の意味の間には，ある意味を持つ語が複数ある**同義性** (synonymy) と，ある語が複数の意味を持つ**多義性** (polysemy) という，ちょうど真逆の 2 つの性質・関係があり，この取扱いが自然言語処理における重要な課題である．まず同義性の説明からはじめよう．

4.2.1 同義語

形が異なるが意味がほぼ同じ語を**同義語** (synonym) とよぶ．ここで語の形の異なりには様々なレベルがあり，基本的に同じ語で表記が異なる場合 (spelling variation) と，語が異なる場合に大別できる．

■表記の異なり
- 綴り，字種，送り仮名の違いなど
    例: {center, centre}, {りんご, リンゴ, 林檎}, {受け付け, 受付}
- ネット表現などにみられる種々のくずれた表現
    例: {あつい, あっつい, あつーい}

■異なる語
- 翻訳語　　　例: {コンピュータ, 計算機}
- 頭字語 (acronym)　　例: {NHK, 日本放送協会}
- 略記　　　例: {He, ヘリウム}
- 類義語　　例: {美しい, きれいだ}

同義語は核となる意味は同じであるが，ニュアンスの違いや，丁寧さ，正式さ，強調などの付加情報の違いがある．これらの違いを精緻に扱うことは今後の自然言語処理の課題であるが，当面の問題として，これらが「ほぼ同じ意味である」とわかることが重要である．たとえば，情報検索で「美しい額縁」について調べたい場合，「きれいなフレーム」という表現を含む文書ともマッチして欲しいと考えられるからである．

同義語の情報は，前節で述べたシソーラスや辞書から得ることもできるが，そのカバレッジは高くない．特に上記で類義語としたものの中に，文脈に依存す

るもの，また句などの大きな単位での類義表現があるからである．文脈に依存するものとは，たとえば，「落ち込む」と「冷え込む」は単独では類義とはいえないが，「景気が落ち込む」と「景気が冷え込む」という場合には類義と考えてよい．大きな単位での類義表現とは，たとえば「〜が大流行している」と「〜の感染が広がっている」などの関係である．これらは**言い換え表現** (paraphrase) ともよばれ，その自動獲得は重要な研究テーマとなっている．

4.2.2 分布類似度

類義語の関係を大規模なコーパスから自動獲得する方法として，**分布類似度** (distributional similarity) という考え方がある．分布類似度とは，「文脈の似ている語は類似している」つまり「共起する語が似ていれば類似している」という**分布仮説** (distributional hypothesis) に基づく尺度である．

まず，ある語とよく共起する語をその**関連語** (related word) と考え，これを求める．共起とは，2つの語がある範囲（同一文書内，同一文内，前後10語以内，係り受け関係など）でともに（同時に）出現することをさす．その強さの尺度としては**自己相互情報量** (pointwise mutual information, **PMI**) がよく用いられる．

$$\mathrm{PMI}(x,y) = \log \frac{P(x,y)}{P(x)P(y)} \tag{4.1}$$

ここで，$P(x), P(y)$ はそれぞれ語 x, y のコーパス中での出現確率，$P(x,y)$ はある範囲に x と y が共起する確率を示す．

PMI は次のような性質を持つ．x と y に関連がなければ，その共起はランダムであるので $P(x,y) \approx P(x)P(y)$ となり，PMI ≈ 0 となる．一方，x と y に関連があれば $P(x,y) > P(x)P(y)$ となるので PMI が正の値となり，この値が大きいほど関連が強いと考えることができる．たとえば「医者」の関連語を係り受け関係の PMI で求めると「診せる」「かかる」「宣告される」などが得られる．

2つの語が同じような関連語を持てば，それらは類似していると考えることができる．関連語の選択およびその一致度の計算には様々な方法が考えられる．たとえば，語 x, y それぞれについて PMI の値が正のものを関連語とし，その集合を X, Y として，次のような重複の割合を類似度の尺度とすることができる．

Jaccard 係数:	$\frac{|X \cap Y|}{|X \cup Y|}$
Simpson 係数:	$\frac{|X \cap Y|}{min(|X|,|Y|)}$
Dice 係数:	$\frac{2|X \cap Y|}{|X|+|Y|}$

このような方法により，「医者」の類義語として，同じく「診せる」「かかる」「宣告される」などを関連語として持つ「医師」「ドクター」「主治医」「先生」などを得ることができる．

数億ページ規模のウェブコーパスを用いて，このような方法で分布類似度を計算すれば，カバレッジが高く，かつ人間の直観に近い類義語の獲得が可能である．分布類似度の問題としては，反義語も同じような関連語を持つことから，類義語と反義語が区別しにくいという問題がある．最近では，ニューラルネットワークに基づく分布類似度の計算方法が提案され，今後の発展が期待されている（6.3 節参照）．

4.3　多　義　性

4.3.1　多　義　語

表記や音が同じで，複数の異なる意味を持つ語を**多義語**とよぶ．一般には，語源が異なるものは**同綴異義語**・**同音異義語** (homonym) とよび，語源が同じものを**多義語** (polysemic word) とよぶ．しかし，この区別は歴史的・解釈的に明確でないものも多いので，ここではまとめて多義語とよぶことにする．

英語では多数の多義語があり，たとえば，bank は「銀行」と「土手」，interest は「利子」と「興味」という，それぞれまったく異なる複数の意味を持つ．日本語では，「こうえん」のように同音の多義語（「公園」「公演」「後援」「講演」など）は多数あり，ひらがな表記をした場合，また音声認識やかな漢字変換では問題となる．また，カタカナ語の場合ももとの英語などの多義性を保持しているものが多い（「バンク」は bank と同様に多義である）．一方，語を表意文字である漢字で表記した場合は，多義といっても，メタファー・メトニミーによる意味の拡張など関連性を持つ多義がほとんどである．

関連性を持つ多義について，何を意味の異なりと考えるかは難しい問題である．人間用の辞書では，語義の区別は，見出しが分かれていたり，ある見出しの中の小見出しとして与えられているが，その分類や粒度は辞書ごとに違うことも多い．自然言語処理においても，各語についてどのような語義のセット (sense inventory) を考えるかということは難しい．その先の応用システムでその語義の区別をどう使うかということを決めなければ決まらない問題であるともいえる．

一方，漢字表記の語であっても固有名詞，専門用語の場合は意味の区別はある程度明確である．同姓同名の人名や複数ある地名などはその実体に対応する多義と考えればよい．「日中」「米」のように一般語と固有名詞で多義となる語もある．「木構造」という用語は分野によって専門用語の意味が異なる例で，コンピュータ科学ではデータ構造の一種であるが（読みは「きこうぞう」），建築分野では木材を用いる構造を表す（読みは「もくこうぞう」）．

4.3.2 語義曖昧性解消

各語の語義セットを定義することは難しい問題であるが，ここではそれが与えられたとして，ある文脈における語の語義，すなわち，実際のテキスト中で使用されている語の語義を選択する**語義曖昧性解消** (word sense disambiguation, WSD) の問題を考える（**語の多義性解消**ともよぶ）．

WSD の最も素朴な方法は，語義セットとして国語辞書などの語義（小見出し）を用いて，単純に最初の語義を選ぶという方法である．たとえば，bank の辞書における語義が 2 つで次のように与えられているとすると，常に $bank_1$ を選択する．

bank$_1$ an institution that keeps and lends money
bank$_2$ land along the side of a river or lake

これは一般に辞書では最も重要で高頻出の語義が最初に挙げられていることが多いという経験に基づく手法で，他のより高度な手法に対するベースライン（精度の比較対象）となる．

辞書の語義を用いたもう一つの基本的な方法として，辞書の語義説明文と，解析対象の語の文脈との重複が最も大きい語義を選択するという方法がある．初期に提案された方法で，提案者の名前から Lesk 法ともよばれる．たとえば

4.3 多義性

"I have little money in the bank" という文脈における bank の意味は 'money' という語の重複から $bank_1$ と判断する．辞書の語義説明文はそれほど長くないため，語義選択のための情報を十分に提供するとはいえず，これもベースラインの手法といえる．

一方，各語の一定数の出現に語義を付与した注釈付与コーパスがあれば，教師有り学習で問題を解くことができる．この場合は，各語に対する分類器を，各出現の文脈中の語を素性として学習する．たとえば，bank について，check や finance が文脈中にあれば $bank_1$ であるということが学習できる．

形態素や構文の注釈付与コーパスに比べると，各語について一定数の出現が必要な語義注釈付与コーパスの構築コストは大きく，また語義セットの定義の難しさもある．日本語については，岩波国語辞典の語義を辞典中の語釈文・例文約 20 万文に付与した岩波国語辞典タグ付きコーパス[†]，英語では WordNet の語義 (synset) を Brown Coprus の中の約 20 万自立語に付与した SemCor[††] などがある．

Wikipedia は，その見出し語となっている固有名や専門用語について，語義曖昧性解消のための語義セットおよび注釈付与コーパスとして利用できる．まず，多義の固有名や専門用語に対して各意味に対応する見出し語があるので，これを語義セットと考えることができ，これは曖昧さ回避ページとして集約されている．さらに，Wikipedia のテキスト中に見出し語となっている固有名や専門用語が出現する場合にはその見出しページへのリンクが付与されている場合がある．これは多義語の場合には語義の注釈と考えることができる．

日本語 Wikipedia を 3000 語程度の多義見出し語に対する語義注釈付与コーパスと考えて SVM などによって教師有り学習を行うと，80% 程度の精度で多義性解消を行うことができる．

[†]http://www.gsk.or.jp/catalog/gsk2010-a/
[††]http://web.eecs.umich.edu/~mihalcea/downloads.html#semcor

4.4 文の意味

4.4.1 構文と意味

3章で構文の解析について述べたが，文の依存構造や句構造を求めるだけでは，文の意味を求めたことにはならない．文の意味は，いわゆる5W1H，すなわち「誰が，どこで，いつ，どうやって，何をしたか」という形で表現することができるが，文の構造はこれを明示していないからである．

たとえば，次のような文を考えてみる．

(3) a. John broke the window with a hammer.
　　b. The window broke.
　　c. A hammer broke the window.

これらの文はいずれも「Johnが動作の主体であり，対象物であるwindowを，hammerを使って，割った」という同じ意味（の一部）を表現している．しかし，構文はまったく異なっており，brokeの主語や目的語を求めただけでは意味を捉えることはできない．

日本語の場合，和語動詞ではこのような現象は少ないが，漢語動詞では同様の問題がある．

(4) a. 店がキャンペーンで売上を倍増した．
　　b. 売上が倍増した．
　　c. キャンペーンが売上を倍増した．

4.4.2 格と意味役割

文の意味を捉えるために，動詞，形容詞などの**述語** (predicate) を意味の中心にすえ，述語と**項** (argument) の関係を考える．このように捉える文の構造を**述語項構造** (predicate-argument structure) とよぶ．このとき，述語に対する項の役割を**格** (case) とよぶ．

述語に対して，主語の役割をするものを**主格** (nominative)，直接目的語の役割をするものを**対格** (accusative)，間接目的語の役割をするものを**与格** (dative)

とよぶ．英語では語順でこれらが区別できるが，日本語では語順が自由であるために格助詞にその働きがあり，格助詞に対応した**ガ格**，**ヲ格**，**ニ格**などの名称が用いられる．これらの格は表層的に決まるもので，**表層格** (surface case) とよばれる．

フィルモア (C. Fillmore) は，述語に対する項の格という考え方を深層的・意味的なものに拡張し，文中の動詞に対して他の単語がどのような**深層格** (deep case)，すなわち**意味役割** (semantic role) を持つかということを捉える**格文法** (case grammar) を提唱した．フィルモアの考えた深層格の集合を表 **4.1** に示す．

意味役割という考え方を用いれば，(3) の 3 つの文は以下のような共通の**格構造表現**によって表すことができる．

表 **4.1** フィルモアの深層格（チェールズ **J.** フィルモア（田中春美，船城道雄訳）：『格文法の原理』，三省堂，**1975** より転載）

動作主格 (agent)	ある動作を引き起こす者の役割．
経験者格 (experiencer)	ある心理事象を体験する者の役割．
道具格 (instrument)	ある出来事の直接原因となったり，ある心理事象と関係して反応を起こさせる刺激となる役割．
対象格 (object)	移動する対象物や変化する対象物．あるいは，判断，想像のような心理事象の内容を表す役割．
源泉格 (source)	対象物の移動における起点，および状態変化と形状変化における最初の状態や形状を表す役割．
目標格 (goal)	対象物の移動における終点，および状態変化と形状変化における最終的な状態，結果を表す役割．
場所格 (location)	ある出来事が起こる場所および位置を表す役割．
時間格 (time)	ある出来事が起こる時間を表す役割．

$$\text{break} \begin{cases} \text{動作主格}: \text{John} \\ \text{対象格}: \quad \text{window} \\ \text{道具格}: \quad \text{hammer} \end{cases}$$

すなわち，動詞 break には異なる 3 つの文型が存在するが，意味的には動作主格 (agent)，対象格 (object)，道具格 (instrument) という 3 つの意味役割を持つ 1 つのパターンを考えればよいことになる．このようなパターンは**格フレーム** (case frame) とよばれる．

4.5 英語の意味役割付与

4.5.1 PropBank

意味役割は文の意味の表現方法として有望であるが，意味を扱う研究の常として，その分類・セットを定義しようとすると収束しない（多義語について語義セットを定義する問題も同様であった）．たとえば，動作主格 (agent) は意志性を持つものと考えるが，その定義や経験者格 (experiencer) との区別を明確に行うことは難しい．対象格 (object) を，動作を受け状態変化する受動者格 (patient) と，移動したりある場所に位置する（狭義の）対象格 (theme) に分ける議論もある．

これに対して，形態素解析や構文解析と同様に機械学習の枠組みで**意味役割付与** (semantic role labeling, SRL) の研究が進展することを狙って，比較的粗い意味役割を設定し，それを大規模なコーパスに注釈として与えたものが **PropBank** (Proposition Bank) である．当初は，Penn Treebank に出現する全動詞，約 12 万個に対して注釈が与えられ，現在では，中国語，アラビア語などにも拡張されている．

PropBank における意味役割のセットは述語ごとに設定し，動作主格などの名称は用いず，Arg0, Arg1 のように「Arg + 番号」をラベルとしている．ただし，Arg0 はおおよそ動作主格と経験者格に相当するもの，Arg1 は対象格に相当するものとし，Arg2 以降も意味的に近い動詞間でできるだけ同一の意味役割となるように注意が払われている．

述語ごとの意味役割のセットを **Roleset** とよび，意味役割の数は多くの場合

2から4，最大6である．また，述語が多義であれば語義ごとにRolesetを与えるが，ここでも比較的粗い粒度の語義が設定されていて，述語ごとのRoleset数（=語義数）の平均は1.5程度である．たとえば，breakの最初の語義，break.01のRolesetは以下のように与えられている．

> Roleset break.01 "break, cause to not be whole"
> Roles:　Arg0: breaker
> 　　　　Arg1: thing broken
> 　　　　Arg2: instrument
> 　　　　Arg3: pieces

Rolesetに挙げられている意味役割は，各述語に対して本質的に関係する項であるが，時間，場所など一般的，任意的に出来事を修飾する項に対してはArgM-LOC (location), ArgM-TMP (time) などのラベルが与えられる．PropBankにおける注釈付与は以下のように行われる．

(5) [$_{\text{Arg0}}$ John] broke [$_{\text{Arg1}}$ the window] [$_{\text{Arg2}}$ with a hammer] [$_{\text{ArgM-TMP}}$ yesterday] ．

4.5.2　PropBankに基づく意味役割付与

PropBankを教師データとして機械学習による意味役割付与のシステムを構築することができる．一般には，まず構文解析を行って構文を明らかにした上で，述語と項候補の構文の関係およびその周辺から素性を取り出し，述語の語義と項候補の意味役割を逐次あるいは同時に分類する．

意味役割付与は2004年，2005年，2008年，2009年のCoNLLのタスクに採用されており，CoNLL2009で最高成績のシステムの意味役割付与精度は，正しい依存構造を与えた場合で85%程度であった．

現状の意味役割付与における問題点は，PropBankなどに与えられている情報の一貫性の問題と，データスパースネスの問題である．これらの問題に対処するために，他の様々な意味役割付与コーパス（FrameNet, VerbNetなど）との間に相互リンクを張ることが行われはじめている．

4.6 日本語の格解析

4.6.1 問題の説明

英語においては，まず構文解析によって主格，対格などの表層格を明らかにし，その上で意味役割付与を行う方法が主流である．これに対して，日本語では構文解析を行うだけでは必ずしも表層格が求まらない．次の例文をみてみよう．

(6) オーブンでハムも乗せたパンを焼いた

日本語では，(6) のように「は」「も」などの副助詞がある場合には「が」「を」などの格助詞が明示されない．また，連体修飾節で修飾される名詞（被修飾名詞）は，修飾節中の述語に対して格関係を持ち，(6) では「乗せる」に対して「パン」がニ格である．英語の関係節では構文からこの格関係が明確であるのに対して，日本語の連体修飾節では明確でない（下の補足参照）．すなわち，日本語においては，意味役割付与以前の問題として，ガ格，ヲ格などの表層格を明らかにすることがまず重要な処理となる．

もう一つの問題として，語順が自由で，項の省略が頻出する日本語においては，そもそも構文が意味に依存するところが大きい．日本語の構文を高精度に求めるには，数万文規模の注釈付与コーパスから学習される意味関係だけでは不十分なのである．

これらの問題を解決するために，生コーパスから意味に関する大規模な知識を自動構築し，それに基づいて日本語の構文と表層格を同時に解析するアプローチを紹介する．

補足 連体修飾節と被修飾名詞の格解析を難しくしている要因に**外の関係**がある．外の関係とは，連体修飾節と被修飾名詞の間にガ，ヲ，ニなどの格関係がなく，以下の例文のように同格 (7a)，相対関係 (7b)，因果関係 (7c) などが成り立つものである．

(7) a. ハムを乗せた話は…
    b. ハムを乗せた後で…
    c. ハムを乗せた重みで…

4.6.2 格フレームの自動構築

4.4 節で，述語が持つ意味役割のパターンを格フレームとよぶことを説明した．ここではより具体的な格フレームとして，述語の各意味・用法について，述語がとる項を表層格ごとにまとめたものを考える．たとえば「焼く」という述語の格フレームの例を表 4.2 に示す．このような格フレームは，大量のテキストを構文解析して述語項構造を抽出し，その結果をクラスタリングすることによって自動的に構築することができる．

構文解析結果からの述語項関係の抽出では，構造的曖昧性のないものだけを取り出す．たとえば文 (6) では，構文解析結果が「オーブンで ← 焼いた」であっても「オーブンで ← 乗せる」の可能性があるので抽出しない．また，表層格が明示されていない述語項関係，すなわち，副助詞だけの項や，連体修飾節の述語と被修飾名詞の関係は抽出しない．その結果，(6) からは「パンを ← 焼いた」だけを抽出する．このように，<u>確からしい述語項関係だけを取り出す</u>ことがこの方法の第一のポイントである．

表 4.2 自動構築した格フレームの例

	格	用例（数字は頻度を表す）
焼く (1)	ガ	私: 114, ママ: 75, 娘: 74, ⋯
	ヲ	パン: 54076, ケーキ: 31693, 肉: 14059, ⋯
	デ	酵母: 888, ベーカリ: 768, オーブン: 515, ⋯
焼く (2)	ガ	皆: 23, 先生: 11, 人: 8, ⋯
	ヲ	手: 26449
	ニ	攻撃: 18, 行動: 15, 息子: 15, ⋯
焼く (3)	ガ	メーカー: 1, ディストリビュータ: 1, ⋯
	ヲ	データ: 3683, ファイル: 2137, コピー: 163, ⋯
	ニ	CD: 13812, DVD: 12200, ⋯
⋮	⋮	⋮

もう一つのポイントは述語の多義性をどう扱うか，たとえば，「パンを 焼く」「手を 焼く」のように動詞「焼く」の意味が異なる格フレームをどうやって区別して作るかという点にある．抽出される述語項構造は，構造的曖昧性がなく格助詞が明示されている項だけであり，また，そもそも日本語文では項が頻繁に省略される．そのような部分的な述語項構造を単純なクラスタリングによって区別することは難しい．そこで述語の直前の項がその意味・用法の決定に強く影響していると考え，述語とその直前の項を組にしたもの，たとえば「パンを焼く」「肉を焼く」「手を焼く」などを単位としてクラスタリングを行う．すなわち，次のような初期クラスタからクラスタリングをはじめる．

(8) a. {私, 職人, ⋯}が {トースター, オーブン, ⋯}で パンを 焼く
    b. {母, 主人, ⋯}が {オーブン, フライパン, ⋯}で 肉を 焼く
    c. {先生, 警察, ⋯}が {子供, 行動, やんちゃ, ⋯}に 手を 焼く

4.2.2 項で説明した語の分布類似度に基づいてクラスタ間の類似度を定義し，「パンを焼く」「肉を焼く」のような類似のクラスタをまとめていくことにより，最終的に表 4.2 のような格フレームが得られる．

著者らはこのような手法を用いて，日本語ウェブテキスト 150 億文を用いて約 12 万述語からなる格フレームを構築している[†]．大量のテキストを処理するため計算量が問題となるが，1,000 CPU のクラスタ計算機を用いることで約 1 週間の計算でこの規模の格フレームを構築することができる．

4.6.3 構文と格の解析

前節で説明した格フレームには述語と項の振る舞いに関する知識が網羅的に獲得されており，格フレームを参照することで日本語文の構文・格の曖昧性を同時に解消することができる．

たとえば，図 4.3 の入力文 (= 文 (6)) には構文，格関係の曖昧性があるが，格フレームとのマッチングで格構造単位の良さを評価することによって，「オーブンで ← 焼いた」「ハムも ← 乗せた」という構造，「ハムをパンに乗せる」という格の解釈が妥当なことがわかる．この文を正しく解析するために必要な「乗せる」「焼く」に関する知識が格フレームという形で整理されているからである．

[†]http://nlp.ist.i.kyoto-u.ac.jp/index.php?京都大学格フレーム

実際の解析では，読点の有無や係り受け距離などの形の手がかりも利用する必要がある．種々の形の手がかりに対する重みや，格フレームとのマッチングによる評価値の重みは注釈付与コーパスを用いて学習する．日本語の依存構造は非交差条件が満たされる，すなわち projective であるので，3 章の projective 依存構造解析と同様に DP の考え方により効率的に最適解を求めることができる．

このような考え方に基づく統計的な構文・格解析器として KNP がある[†]．KNPの依存構造解析精度は，前章で紹介した MSTParser と比較して 1% 程度高く，これは格フレームの持つ意味情報の効果であると考えられる．また，連体修飾節と副助詞に関する格解析の精度は 80% 程度である．

この節で述べた日本語の構文・格解析で求まるのは，表層格に基づく述語項構造までである．意味役割付与という視点でみると，この後に，能動・受身・使役の対応付け，自動詞・他動詞の対応付けを行えば，PropBank でいうところの「Arg + 番号」に相当する意味役割がほぼ求まったことになる．しかし，日本語では項が頻繁に省略されることが大きな問題であるので，この問題を次章で扱う．

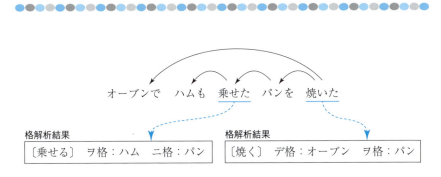

図 4.3 構文・格解析の例

[†] http://nlp.ist.i.kyoto-u.ac.jp/index.php?KNP

演習問題

- **4.1** 「鉛筆」「文房具」の定義を考え，実際の国語辞典と比較してみよう．
- **4.2** メタファー，メトニミーの具体例を考えてみよう．
- **4.3** 日本語の和語動詞の場合にも，（ほぼ）同じ意味内容が別の格助詞のパターンによって表現される場合がある．どのような場合か考えてみよう．
- **4.4** 日本語格フレームの中身を実際に調べてみて，どのような問題があるかを考えてみよう．

第5章

文脈の解析

　あるまとまった情報や意図は文章として表現される．文章には，語句の間の照応関係や節・文の間の談話関係など，様々なつながりが存在する．これらの関係を明らかにする文脈解析について解説する．

5.1 結束性と一貫性

これまで文という単位で構造や意味を考え，そのコンピュータによる解析を考えてきた．しかし，我々が情報や意図を伝える単位は単独の文ではなく，1つ以上の文からなる文章である．この章では，文章に対する解析について考える．

文脈 (context) という言葉は，広義にはものごとの環境や条件を広く意味するが，狭義には文や文章のつながり具合をさす．文章はあるまとまった情報や意図を伝えるものであるから，本来的につながりを持ち，そのつながりは**結束性** (cohesion) と**一貫性** (coherence) という2つの視点で捉えることができる．結束性とは，同じ，または関連するものごとが文章に繰返し出現することによるつながりである．一貫性とは，文章中の文や節が，背景，根拠，詳細化，例示，対比など様々な意味関係を持ち，整合していることをいう．

簡単な例として以下の3つの文章を考えてみよう．

(1) 太郎は喉が乾いた．明日は建国記念日だ．
(2) 太郎は喉が乾いた．そのため，太郎は水を飲んだ．
(3) 太郎は喉が乾いた．彼は水を飲んだ．

文章 (1) には結束性も一貫性もなく，これでは文章とはいえない[†]．一方，文章 (2) には結束性と一貫性があり，それが同一の名詞や接続表現で明示されている．そのため，この文章のつながりをコンピュータによって解析することはそれほど難しいことではない．

問題は，文章 (3) のような場合である．文章が結束性を持つとしても，同一の表現を何度も繰り返すことは敬遠され，常識的に理解可能な範囲で代名詞が使われたり省略が行われる．一貫性についても同様で，冗長な接続表現のない，できるだけ簡潔な文章が好まれる．前の段落の最後の文も，「そのため，この文章のつながりを…」といわずに，単に「そのつながりを…」としてもよい．通常の，自然な文章をコンピュータで理解するには，代名詞が何をさすか，何が省略されているか，また文間にどのような関係が存在するかを明らかにする

[†] しかし，もしこれが文章として存在するなら，たとえば小説の冒頭であれば，読者は，この先に何が起こって，どのような結束性，一貫性が生まれるかを推測しながら読み進めるだろう．

処理が必要となる．このような文章のつながりに対するコンピュータ処理を**文脈解析** (context analysis) とよぶ．

5.2 照応・ゼロ照応解析

5.2.1 共参照と照応

文章 (3) の「太郎」と「彼」のように，文章中の 2 つの表現が同一のものごとを指し示す現象を**共参照** (coreference) とよぶ．共参照は，2 つの表現と指し示されるものごと (referent) との 3 者の関係を捉える考え方である（図 **5.1**(a)）．

一方，「太郎」と「彼」の関係は次のように考えることもできる．「彼」「それ」のような代名詞，「その車」「the car」のような定名詞句は，その解釈のために他の表現または外界を参照する必要がある．このような関係を**照応関係** (anaphoric relation) とよび，「彼」のように他を参照する表現を**照応詞** (anaphor)，「太郎」のように参照される表現を**先行詞** (antecedent) とよぶ（図 **5.1**(b)）．以降の例では，照応詞を下線で，参照される表現を太字で表すことにする．

(a) 共参照という捉え方

(b) 照応という捉え方

図 **5.1** 共参照と照応

典型的な照応は，文章 (3) のように参照される表現が照応詞より前方にある**前方照応** (anaphora) である．一方，次の例 (4) のように参照される表現が後方にある場合もあり，この場合は**後方照応** (cataphora) とよばれる（この文の「次」も後方照応の例である）．

(4) <u>それ</u>がすべてではない．しかし，**得点力**がなければ W 杯は戦えない．

前方照応と後方照応を合わせて，参照される表現が文章中に存在する照応を**文脈照応** (endophora) とよぶ．これに対して，参照されるものごとが言語表現中には存在せず，次の例 (5), (6) の「彼」「その車」のように，外界，すなわちそれが発話される場面の中にあるものを**外界照応** (exophora) とよぶ（**直示表現** (deixis) ともよばれる）．

(5) <u>彼</u>は誰ですか．
(6) <u>その車</u>に乗って下さい．

また，例 (7), (8) のように，書き手／話し手，読み手／聞き手を参照する一人称代名詞，二人称代名詞や，それに類する「我が社」「お客様」「みなさん」などの表現も外界照応の一種と考えることができる．

(7) <u>私</u>は読書が好きです．
(8) <u>我が社</u>は<u>お客様</u>の声を大切にしています．

これまで説明してきた照応関係の分類をまとめると次のようになる．

$$\text{照応関係}\begin{cases}\text{文脈照応}\begin{cases}\text{前方照応}\\\text{後方照応}\end{cases}\\\text{外界照応}\end{cases}$$

5.2.2 ゼロ照応

照応詞となる表現は代名詞，定名詞句などであるが，日本語の場合には，これらが頻繁に省略される．

(9) 太郎は喉が乾いた．水を飲んだ．

このように省略された照応詞を**ゼロ代名詞** (zero pronoun) とよび，ゼロ代名詞が他の表現を参照することを**ゼロ照応** (zero anaphora) とよぶ．

日本語のコミュニケーションでは，「言わぬが花」ということわざに端的に示されるように，控えめで間接的な表現が好まれる．頻繁な省略はこのこととも関係しているが，次節で述べるようにコンピュータ処理の観点からは頭の痛い問題である[†]．

日本語ほど頻繁ではないようだが，省略の現象は，中国語，ヒンディ語，スペイン語などでも一般的である．

5.2.3 照応解析

照応詞が参照する先行詞を同定する処理を**照応解析** (anaphora resolution) とよぶ．

照応詞が代名詞「彼」「he」であれば先行詞も男性・単数であるという手がかりがある．「それ」「it」の場合にも，その述語との関係から，たとえば「それを食べた」であれば「食べる」のヲ格になりやすいものが先行詞であろうと推測できる．また，定名詞句であれば名詞の上位下位関係が手がかりとなる．たとえば「その車」であれば，「タクシー」「プリウス」など，上位概念が「車」である語を文章中から探せばよい．

これらの手がかりだけで先行詞が一意に決まらない場合には，照応詞と先行詞候補との距離（何文または何語離れているか）や，構造的関係が手がかりとなる．構造的関係とは，たとえば，照応詞の前文にあって副助詞「は」を伴う名詞句は先行詞になりやすいなどの関係である．

[†] 著者の経験だが，ヨーロッパの街角で，飛び出してきた自転車にひかれそうになった婦人が，とっさに "It's dangerous!" と叫んだのには驚いた．日本語なら「あぶない！」である．

これらは形態素解析，構文解析などと同様に，どのような手がかりをどのように統合するかという問題となり，注釈付与コーパスに基づく教師あり学習の枠組みで扱うことができる．たとえば，英語に関して照応関係を付与したコーパスとしては，MUC-6, MUC-7 とよばれるデータが広く利用されており（それぞれニュース記事 60 文書），このコーパスを教師データとした照応解析の精度は 60〜70% 程度である．

これまで述べてきたような手がかりは強力であるが，それらが有効でなく，知識がなければ照応関係が解釈できない場合も少なくない．解釈に知識を必要とする照応表現約 2000 例を集めたテストセットとして，**Winograd Schema Challenge** (WSC) とよばれるデータがある．WSC の各問題は次の例のように後ろの節（または文）に代名詞があり，前の節のどの名詞がその先行詞であるかを求める問題である．

(10) a. **The trophy** would not fit in the brown suitcase because it was too big.

b. The trophy would not fit in **the brown suitcase** because it was too small.

WSC の問題は，代名詞の性・数だけでは解けないように作られており，さらに，他の手がかりのバイアスがないように後ろの節に 2 つのパターンが用意されている．問題 (10a) では it の先行詞は the trophy であり，逆に問題 (10b) では the brown suitcase である．この問題を解くためには「入れ物に物を入れる場合には，入れ物が物よりも大きくなければならない」という知識をコンピュータが持たなければならない．今後，このような評価データを試金石として，コンピュータによる知識の獲得と活用の研究が進展することが期待される．

5.2.4 ゼロ照応解析

日本語などにおいて，省略された項を求める処理，たとえば (9) の「飲む」のガ格が「太郎」であることを求める処理を**ゼロ照応解析** (zero anaphora resolution) または**省略解析** (ellipsis resolution) とよぶ．

ゼロ照応解析では，照応詞が存在しないため，代名詞や定名詞句があれば得られる先行詞に対する手がかりがない．さらに，そもそも文にゼロ代名詞が存在すること，すなわち，述語の項が省略されていることを発見する必要がある．述語がどのようなパターンで項をとるかを知るために 4.6.2 項で述べた格フレームなどを利用することができるが，照応詞が存在する場合の照応解析に比べて格段に難しい処理となる．

様々な手がかりを統合するという意味で，やはり注釈付与コーパスに基づく学習を行う．京都大学テキストコーパスの一部（5000 文）には照応およびゼロ照応の情報が付与されており，NAIST テキストコーパスでは 4 万文に対してゼロ照応を含むガ格，ヲ格，ニ格の述語項構造が付与されている．しかし，これらのコーパスを訓練・評価データとした日本語のゼロ照応解析の精度はまだ 50% 程度であり，今後の研究の進展が期待される分野である．

5.3 談話構造解析

文章は一貫性を持つ．すなわち，文や節などの基本単位が意味関係を持ってつながっている．その基本単位を**談話単位** (discourse unit)，つながりの構造を**談話構造** (discourse structure) とよぶ．ここでは談話構造のモデルと解析について述べる．

5.3.1 RST

談話構造のモデルとしてよく知られているものは，マン (W.C. Mann) とトンプソン (S.A. Thompson) によって提案された **RST** (rhetorical structure theory, **修辞構造理論**) である．

RST では，談話単位の間に背景，根拠，詳細化，例示，対比など 20 程度の関係を考える．また，関係ごとに談話単位間に主従の関係があり，主となるも

のを**核** (nucleus),従となるものを**衛星** (satellite) とよぶ.

たとえば,ある主張を示す文の後に,その根拠を示す文が続く場合,2 文の間には根拠の関係があり,主張を示す文をより重要であると考えて核とし,根拠を示す文を衛星とする.ただし,対比や列挙などの関係では,その関係でつながる談話単位の間に重要性の優劣はないと考え,いずれもが核であるとする.

文の構文解析では,語を単位として主辞と修飾語の関係を考え,それをもとに句を再帰的に構成して文全体の句構造を得る.文章の談話構造についても同様の分析を考えることができる.つながりの強い談話単位から順に,関係と核を決め,その範囲をまとめて核をその代表とする.これを再帰的に繰り返すことにより最終的に文章全体の談話構造が求まる.図 5.2 に RST による談話構造の分析例を示す.

RST による談話構造が求まれば,その結果から文章の要約を作ることができる.核と衛星では核の方が重要であると考えられるので,談話構造全体の核を中心として,それとより上位で関係を持つ談話単位を(要約に求められる長さの制限範囲内で)選択すればよい.

RST のモデルに基づき,文章の談話構造を自動解析する試みもある.談話構造解析において強い手がかりとなるのは,**手がかり表現** (cue phrase) または**談話マーカ** (discourse marker) とよばれる,「なぜなら」「一方」などの表現である.これら以外にも,談話単位間の距離,語句の重複など様々な手がかりがあるので,談話構造の注釈付与コーパスを作成し,そこから様々な手がかりをどのような重みで考慮すればよいかを学習する.

談話構造解析の難しさは注釈付与コーパスの構築にある.RST に基づいて構築された注釈付与コーパスとしては,RST Discourse Treebank[†] があるが,談話の単位,関係,構造の認定は人にとっても難しく,一貫性のある注釈をコーパスに付与することは簡単ではない.

[†] http://www.isi.edu/~marcu/discourse/Corpora.html

5.3.2 Penn Discourse Treebank

RST のように文章全体の談話構造を求めることはせず,言語表現にひも付けた形で,談話単位間の談話関係だけを与えたコーパスとして,**Penn Discourse Treebank 2.0** (PDTB-2.0) がある[†].

PDTB-2.0 の注釈付与では,まず,接続表現 (connective) と 2 つの項 (Arg1, Arg2) を見つける.接続表現は,明示される場合と,明示されない場合がある.接続表現が明示され,because, when などの従属節接続詞である場合には,それと構文的に直接つながっている文や節を Arg2 とし,もう一方の項を Arg1 とする.Arg1 と Arg2 は前後するだけでなく,次の例のように埋め込まれる場合もありうる(以下では接続表現を下線,Arg1 を斜体,Arg2 を太字で区別する).

(11) *Most oil companies,* <u>when</u> **they set exploration and production budgets for this year**, *forecast revenue of \$15 for each barrel of crude produced.*

接続表現が並列接続詞(and, or など),副詞表現(for example, instead など)

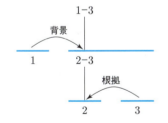

1. いよいよサッカーの W 杯がはじまる.
2. 今回の日本代表への期待はこれまで以上に大きい.
3. 海外のトップクラブで活躍する選手が多いからだ.

図は,文 3 が文 2 の根拠で,文 2 が核,さらに,文 1 が文 2-3 の背景で,文 2 が核であることを示す.

図 5.2 RST における談話構造の例

[†]http://www.seas.upenn.edu/~pdtb

の場合には，前方のものを Arg1，後方のものを Arg2 とする．

一方，接続表現が明示されず，読み手の推論によって談話関係の存在が理解される場合は，次の例の BECAUSE のように接続表現を補う．

(12) But a few funds have taken other defensive steps. *Some have raised their cash positions to record levels.* Implicit = BECAUSE **High cash positions help buffer a fund when the market falls**.

抽象的な談話関係を考える前に，このように明示的な接続表現を補うことで，作業を具体化し，注釈付与の一貫性・信頼性を向上させることが目的である．

このように談話関係を持つ2つの項とその接続表現をタグ付けした後に，**表 5.1** に示す3階層に整理された談話関係を与える．明示的な接続表現がある場合でも，その談話関係が曖昧な場合がある．たとえば，since は時間と因果，while は時間と比較で曖昧であり，それらの区別を行う．

PDTB-2.0 では，Penn Treebank と同様の WSJ の約 100 万語のテキストにこのような談話関係が与えられており，PropBank とも対応付けることが可能である．PDTB-2.0 を教師データとした機械学習による談話関係解析の研究が様々に行われている．

演習問題

5.1 適当な文書（新聞記事，ブログ記事など，何でもよい）について，照応，ゼロ照応の注釈を付与してみよう．

5.2 同じ文書について，RST による談話構造や，PDTB-2.0 の基準による談話関係の注釈を付与してみよう．

表 5.1 Penn Discourse TreeBank 2.0 における談話関係タグ

TEMPORAL（時間） ・Asynchronous（非同期） 　precedence（前） 　succession（後） ・Synchronous（同期） **CONTINGENCY**（関係可能性） ・Cause（原因） 　reason（理由） 　result（結果） ・Pragmatic Cause（認識的原因） 　justification（根拠） ・Condition（条件） 　hypothetical　（仮定） 　general　　　　（一般） 　unreal present（非現実現在） 　unreal past　　（非現実過去） 　factual present（現実現在） 　factual past　　（現実過去） ・Pragmatic Condition（認識的条件） 　relevance　　　（関連） 　implicit assertion（暗黙的言明）	**COMPARISON**（比較） ・Contrast（対比） 　juxtaposition（並列） 　opposition　　（対立） ・Pragmatic Contrast（認識的対比） ・Concession（譲歩） 　expectation　　　（予測） 　contra-expectation（反予測） ・Pragmatic Concession（認識的譲歩） **EXPANSION**（展開） ・Conjunction（接続） ・Instantiation（例示） ・Restatement（換言） 　specification　（詳細化） 　generalization（一般化） 　equivalence　　（等価） ・Alternative（選択） 　conjunctive　　　（連言） 　disjunctive　　　（選言） 　chosen alternative（代理） ・Exception（例外） ・List（列挙）

第6章

ニューラルネットワークの利用

　近年，画像認識，音声認識，自然言語処理においてニューラルネットワークの利用が注目されている．本章ではその基礎的な事項を説明する．また，単語のベクトル表現である word embedding，系列を扱うリカレントニューラルネットワークを解説する．

6.1 はじめに

　ニューラルネットワーク (neural network) は生物の神経細胞（ニューロン）の振る舞いをモデル化したものである．1940年代に提案されたが当時のマシンパワーでは実問題で有効性を示すのは難しい状況にあった．2000年代に入って，マシンパワーの増大，ビッグデータとよばれる巨大なデータの利用，ニューラルネットワークのアルゴリズムの改良などの要因があって再び注目されるようになった．2010年代に入り，画像認識，音声認識などの様々なタスクで大きな精度向上がみられている．

　画像認識では，一般に画像のピクセルデータが入力として与えられ，線や円弧などの基本的な特徴をまず抽出し，その後，円，顔のパーツ，顔のように，抽出した特徴を組み合わせてより複雑な特徴を抽出していくことが必要となる．従来はこの過程を人手で試行錯誤して設計していたが，ニューラルネットワークを用いた手法では数十から数百層のネットワークによって漸次的な特徴抽出を自動化することにより，人の認識精度と同程度の精度を達成するに至った．このような多層のニューラルネットワークの学習は**深層学習** (deep learning) とよばれる．音声認識においても音響信号からの特徴抽出が必要となり，画像認識と同じような枠組みでニューラルネットワークが利用される．

　自然言語処理においてニューラルネットワークが盛んに用いられるようになってきたのは2012年頃からであるが，画像認識・音声認識と自然言語処理では問題の性質が異なるため，ニューラルネットワークの目的，利用方法が次のように異なる．

- 画像認識では漸次的な特徴抽出を行うために数十から数百層のネットワークが用いられる．一方，語の品詞や前後の文脈など，言語の基本的な特徴量は規則的に抽出可能で，また抽象度が高い．そのため，現在のところ自然言語処理で用いられるのは数層程度の浅いネットワークである．しかし，数層のネットワークによって，基本的な特徴量のどのような組合せが有効であるかが学習できるメリットは小さくない．
- 画像認識では，入力がピクセル集合で表現されており，類似した画像は類似した入力表現を持つ．一方，自然言語処理では，入力が単語という記号

で表現されている．これは言語の扱いやすさであり長所でもあるが，逆に，類似した意味を持っていても単語が異なればまったく別物として扱われてしまうという問題点でもあった．自然言語処理においてニューラルネットワークを用いる利点の一つは，語を数百次元のベクトルで表現し，意味を連続的に扱う基盤を提供する点にある．

2016年現在，ニューラルネットワークを利用する自然言語処理は日進月歩であり，長足の進歩を遂げつつあるが，本章ではその基礎的な事項を説明することにする．

6.2 順伝播型ニューラルネットワークと誤差逆伝播法

まず，ニューラルネットワークの基本的な仕組みを図 6.1 で説明する．このネットワークは入力を受け付ける M 個の入力ノード[†]とそれを集約して出力する 1 つの出力ノードからなり，入力ノードそれぞれと出力ノードは重み w_i $(i = 1, \cdots, M)$ のエッジでつながっている．入力ノードにはそれぞれ入力値 x_i が与えられる．出力ノードではまず次式のように入力を線形和として集約し，

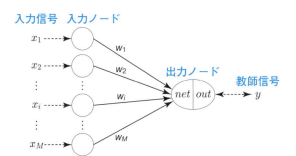

図 6.1 最も単純なニューラルネットワークの構成

[†]ニューラルネットワークではノードのことをニューロンともよぶ．

これを net とよぶ[†].

$$net = \sum_{i=1}^{M} w_i x_i \tag{6.1}$$

出力ノードは単純にこの net の値を出力するのではなく，あるしきい値を設けてそれを超える場合に出力を行う．この振る舞いはシグモイド関数 σ を用いて実現することができ，出力を out とすると次式で表現される．

$$out = \sigma(net) = \frac{1}{1 + \exp(-net)} \tag{6.2}$$

図 **6.2** に示すとおり，net が 5 以上であれば out はほぼ 1，-5 以下であればほぼ 0 となる[††]．

ニューラルネットワークの学習において解くべき問題は，入力 $(x_1, \cdots, x_i, \cdots, x_M)$ に対応する教師信号 y が与えられたとき，システムの出力 out が y に近づくように重み w_i を求めることである．この問題を解くために，システムの出力と教師信号の誤差 E を以下のように y と out の 2 乗誤差と定義する．

$$E = \frac{1}{2}(y - out)^2 \tag{6.3}$$

この E が減少するように重みを徐々に更新していく．これは E の w_i に関する**勾配** (gradient) を用いて実現される（図 **6.3**）．勾配 $\partial E / \partial w_i$ が正であれば w_i を減少させればよく，勾配が負であれば増加させればよいので，以下の式で $w_i^{(old)}$ から $w_i^{(new)}$ に更新する．

$$w_i^{(new)} = w_i^{(old)} - \eta \frac{\partial E}{\partial w_i} \tag{6.4}$$

ここで，η は**学習率**とよばれ，重みをどの程度更新するかを制御する．このように勾配を用いて重みを更新する方法は**勾配降下法**とよばれる．

w_i は net, out の値を経て E に影響するので，$\partial E / \partial w_i$ は合成微分を用いて以下のように求められる．

[†] さらに，入力に依存しないバイアス項とよばれる項 b を加えて，$net = \sum_{i=1}^{M} w_i x_i + b$ とする場合もある．

[††] シグモイド関数の他によく使われる関数にハイパボリックタンジェント関数 $\tanh(x) = \frac{\exp(x) - \exp(-x)}{\exp(x) + \exp(-x)}$ がある．出力を -1 から 1 に収めたいときに用いられる．

$$\frac{\partial E}{\partial w_i} = \frac{\partial E}{\partial out}\frac{\partial out}{\partial net}\frac{\partial net}{\partial w_i} \tag{6.5}$$

$$= -(y - out) \cdot out(1 - out) \cdot x_i \tag{6.6}$$

式 (6.5) から式 (6.6) への式変形は，式 (6.3)，式 (6.2)，式 (6.1) の偏微分によって求められる[†].

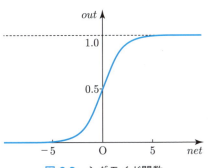

図 **6.2** シグモイド関数

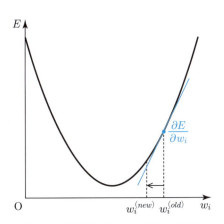

図 **6.3** 勾配降下法による重みの更新

[†]シグモイド関数 $\sigma(x) = \frac{1}{1+\exp(-x)}$ の微分は $\frac{\partial \sigma(x)}{\partial x} = \sigma(x)(1-\sigma(x))$ となり，自分自身の値から簡単に計算できる．

ニューラルネットワークの実際の学習では，多数の訓練データ（入力と教師信号の組の集合）が与えられ，データを1つ受け取って重みを更新し，また次のデータを受け取って重みを更新する，という手順で重みの更新が進む．このような方法は**確率的勾配降下法** (stochastic gradient descent, SGD) とよばれる[†]．

ここまで，ニューラルネットワークの基本的な仕組みと重みの更新方法を説明した．実際のニューラルネットワークでは，図 **6.4** に示すように，入力層と出力層の間に**中間層**とよばれる層（隠れ層ともよぶ）を設定することによりネットワークの問題を解く能力を上げる．各層のノードはとなりあう層のノードすべてとエッジでつながっている．第 n 層のノードの数を L_n と表記する（ノードの数は層ごとに異なってもよい）．また，第 n 層の j 番目のノードの入力を net_j^n，出力を out_j^n，第 $n-1$ 層の i 番目のノードと第 n 層の j 番目のノードを結ぶエッジの重みを $w_{j,i}^{n,n-1}$ と表記する．すると，第 n 層の j 番目のノードの入力 net_j^n，出力 out_j^n は以下のように計算される．

$$net_j^n = \sum_{i=1}^{L_{n-1}} w_{j,i}^{n,n-1} out_i^{n-1} \qquad (6.7)$$

$$out_j^n = \sigma(net_j^n) \qquad (6.8)$$

この計算を左の層から順番に行っていき，最後の出力層でシステムの出力が得られる（下の補足参照）．このようなネットワークは**順伝播型ニューラルネットワーク** (feedforward neural network) とよばれる[††]．

補足 ニューラルネットワークの計算はよくベクトルと行列で表現される．式 (6.7), 式 (6.8) では第 n 層の j 番目のノードの出力を求めたが，

$$\boldsymbol{out}^n = (out_1^n, \cdots, out_j^n, \cdots, out_{L_n}^n)^{\mathrm{T}}, \qquad (6.9)$$

$$\boldsymbol{out}^{n-1} = (out_1^{n-1}, \cdots, out_i^{n-1}, \cdots, out_{L_{n-1}}^{n-1})^{\mathrm{T}}, \qquad (6.10)$$

[†]これに対し，全データを受け取り，一気に重みを更新する方法はバッチ学習とよばれるが，データが多い場合は計算が大変であることから，確率的勾配降下法を用いることが一般的である．また，確率的勾配降下法とバッチ学習の中間的なものとして，データ k 個（一般に 10 から 100 個）を使って重みを更新する方法をミニバッチ学習という．

[††]図 **6.1** のニューラルネットワークは単純パーセプトロン，図 **6.4** のものは多層パーセプトロンともよばれる．

$$\boldsymbol{W}^{n,n-1} = \begin{pmatrix} w_{1,1}^{n,n-1} & \cdots & w_{1,i}^{n,n-1} & \cdots & w_{1,L_{n-1}}^{n,n-1} \\ \vdots & \ddots & \vdots & \vdots & \vdots \\ w_{j,1}^{n,n-1} & \cdots & w_{j,i}^{n,n-1} & \cdots & w_{j,L_{n-1}}^{n,n-1} \\ \vdots & \vdots & \vdots & \ddots & \vdots \\ w_{L_n,1}^{n,n-1} & \cdots & w_{L_n,i}^{n,n-1} & \cdots & w_{L_n,L_{n-1}}^{n,n-1} \end{pmatrix} \quad (6.11)$$

とおくと，第 n 層のノードすべての出力を

$$\boldsymbol{out}^n = \sigma\left(\boldsymbol{W}^{n,n-1}\boldsymbol{out}^{n-1}\right) \quad (6.12)$$

と簡潔な形で表すことができる．ここで非線形関数 σ は各要素に適用し，ニューラルネットワークの説明では断りなくこのような表記を用いる．

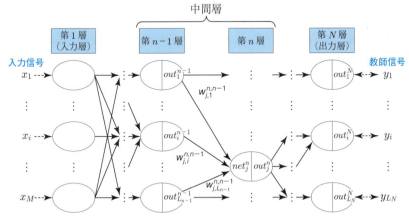

図 6.4 順伝播型ニューラルネットワーク

■誤差逆伝播法

順伝播型ニューラルネットワークにおいても，出力と教師信号との誤差を計算し，その誤差が小さくなるように各重みを更新する．図 6.1 のネットワークでは出力層のノードが 1 つであったが，今回は L_N 個のノードがあるため，2 乗誤差 E は L_N 個のノードそれぞれの誤差の和となる．

$$E = \frac{1}{2} \sum_{i=1}^{L_N} (y_i - out_i^N)^2 \tag{6.13}$$

先ほどと同じように勾配降下法を用いると，第 $n-1$ 層と第 n 層をつなぐエッジの重み $w_{j,i}^{n,n-1}$ は以下の式で更新される．

$$w_{j,i}^{n,n-1(new)} = w_{j,i}^{n,n-1(old)} - \eta \frac{\partial E}{\partial w_{j,i}^{n,n-1}} \tag{6.14}$$

$\partial E / \partial w_{j,i}^{n,n-1}$ は先ほどと同様に，合成微分によって以下のように変形できる．

$$\begin{aligned}
\frac{\partial E}{\partial w_{j,i}^{n,n-1}} &= \frac{\partial E}{\partial out_j^n} \frac{\partial out_j^n}{\partial net_j^n} \frac{\partial net_j^n}{\partial w_{j,i}^{n,n-1}} \\
&= \frac{\partial E}{\partial out_j^n} \cdot out_j^n (1 - out_j^n) \cdot out_i^{n-1}
\end{aligned} \tag{6.15}$$

先ほどと異なるのは $\partial E / \partial out_j^n$ が単純には求まらないことであるが，これは出力層側に近い変数の偏微分の値を使って効率的に計算することができる．

$$\frac{\partial E}{\partial out_j^n} = \sum_{k=1}^{L_{n+1}} \frac{\partial E}{\partial net_k^{n+1}} \frac{\partial net_k^{n+1}}{\partial out_j^n} \tag{6.16}$$

$$= \sum_{k=1}^{L_{n+1}} \frac{\partial E}{\partial out_k^{n+1}} \frac{\partial out_k^{n+1}}{\partial net_k^{n+1}} \frac{\partial net_k^{n+1}}{\partial out_j^n} \tag{6.17}$$

$$= \sum_{k=1}^{L_{n+1}} \frac{\partial E}{\partial out_k^{n+1}} \cdot out_k^{n+1} (1 - out_k^{n+1}) \cdot w_{k,j}^{n+1,n} \tag{6.18}$$

まず，out_j^n は net_k^{n+1} （$k = 1, \cdots, L_{n+1}$）を通じて E に影響するので，偏微分

の連鎖律†より式 (6.16) が得られる．後はこれまでに述べた関係から式 (6.18) となる．式 (6.18) に表れる因子はすべて第 n 層と第 $n+1$ 層をつなぐ重みの更新の際に計算済みであることがポイントである．

以上をまとめると，入力が与えられ，入力層から出力層へ向かってシステムの出力を計算していき，出力層での誤差を計算し，その誤差を今度は出力層から入力層へ向かって順番に伝播して，重みを更新する．このことから，重みの更新方法は**誤差逆伝播法** (back propagation) とよばれる．

実際のタスクにおいては訓練データ数が数万から数百万ある．訓練データ全体を 1 度走査することを**エポック** (epoch) という．1 エポックにおける全訓練データでの誤差の総和が下がっていることを確認することで，学習が進んでいることを確かめることができる．いつ学習を終えるかには，数十回のエポックで止める，もしくは，開発データでタスクの精度を計算し，その精度が上がらなくなったら止める，などの方法がある．

ニューラルネットワークは表現力が高いため，**過学習** (overfitting) が問題となる．すなわち，訓練データに対して適応しすぎることにより，訓練データに対しては高い精度となるが，未知のデータに対しては精度が大きく下がってしまうということが起こりえる．過学習を抑える手法に**ドロップアウト** (dropout) がある．ドロップアウトでは訓練データごとにランダムにノードを選び，それがないものとして学習を行う．これは多数の異なるニューラルネットワークの結果を平均している効果があり，過学習を抑えることができる．

---

†たとえば，z が y_1, y_2 の関数，y_1, y_2 それぞれが x の関数であるとき，$\frac{\partial z}{\partial x} = \frac{\partial z}{\partial y_1}\frac{\partial y_1}{\partial x} + \frac{\partial z}{\partial y_2}\frac{\partial y_2}{\partial x}$ となる．

6.3 Word Embedding

6.3.1 Word Embedding とは

ニューラルネットワークを利用した自然言語処理の成功例として **word embedding** がある．word embedding とは，ニューラルネットワークを用いて大規模なコーパスから語の意味のベクトル表現を学習したものである．

4.2.2 項で，「共起する語が似ていれば類似している」という分布仮説に基づく分布類似度の考え方を紹介し，共起度の高い語（関連語）の集合で語の意味を表現すると説明した．これは語彙数に対応する高次元（数万～数十万次元）のベクトルを考え，対象語の意味を関連語の次元の値を 1，それ以外の次元の値を 0 とするベクトルで表現することに相当する．これに対して，word embedding では語の意味を低次元（数十～数百次元）の密なベクトルで表現する（図 6.5）[†]．

word embedding を計算するソフトウェア word2vec[††]を用いて，日本語ウェブテキスト 1 億文から 100 次元のベクトルを学習し，頻度上位 1,000 語のベクトルを 2 次元に圧縮し可視化したものを図 6.6 に示す．図の左の方で拡大した部分には国名が配置されており，また，上の方には移動に関係する動詞が配置されていることがわかる．

このように word embedding を用いることで汎化された単語表現を得ることができ，これを用いることで構文解析や固有表現解析などの様々なタスクでの精度向上がみられている．また，word embedding はベクトルの足し算・引き算について，面白い振る舞いをすることが知られている．単語 w のベクトルを v_w で表すと，たとえば，v_{king} から v_{man} を引き v_{woman} を足すと，v_{queen} と近くなる．

$$v_{king} - v_{man} + v_{woman} \fallingdotseq v_{queen}$$

すなわち，意味の計算がベクトルの足し算・引き算で実現される可能性があり，注目を集めている．

[†] embedding とよばれるのは語の情報を低次元に埋め込んでいるからである．
[††] https://code.google.com/archive/p/word2vec/.

6.3 Word Embedding

(a) 関連語に基づくベクトル表現（高次元）

りんご　（0 0 1 0 0 0 0 1 0 0 0 0 ……………）

みかん　（0 0 1 0 0 0 0 0 0 1 0 0 ……………）

車　　　（0 0 0 0 0 0 1 0 0 0 1 0 ……………）

…　　　…

(b) word embedding のベクトル表現（低次元）

りんご　（0.82　−1.18　0.74　…）

みかん　（0.86　−1.23　0.54　…）

車　　　（0.15　 1.18　−0.34　…）

…　　　…

図 6.5　関連語に基づくベクトル表現 (a) と word embedding のベクトル表現 (b)

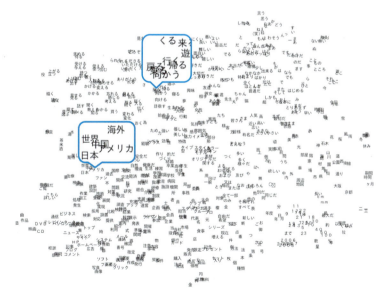

図 6.6　word embedding の可視化

6.3.2 Word Embedding の学習

word embedding の学習は，ある語の妥当な意味表現はその周辺の語（文脈語とよぶ）をより良く予測できるものである，という仮定に基づく．4.2.2 項で説明した関連語による語のベクトル表現は文脈語を"数える"ことによって得られるのに対して，word embedding は文脈語を"予測する"ことによって得られる．以下では，word embedding のベクトルの学習法の 1 つである skip-gram について説明する[†]．

skip-gram では単語 w_t から文脈語 w_{t+j} が予測される確率を $p(w_{t+j}|w_t)$ とおき，次式で表される目的関数を最大にする単語表現を学習する．

$$\sum_{t=1}^{T} \sum_{-c \leq j \leq c, j \neq 0} \log p(w_{t+j}|w_t) \tag{6.19}$$

ここで，T はコーパスの単語数，c は文脈のサイズ（通常，5 単語程度）を表す．式 (6.19) は，単語 w_t から前後 c 単語の文脈語を予測し，それをコーパス中の全単語について行うことを表す．

$p(w_{t+j}|w_t)$ を定義するために，**単語ベクトル v** と**単語予測ベクトル u** の 2 種類のベクトルを導入する．$p(w_{t+j}|w_t)$ はソフトマックス関数[††]を使って，以下のように定義される．

$$p(w_{t+j}|w_t) = \frac{\exp(v_{w_t}^{\mathrm{T}} u_{w_{t+j}})}{\sum_{w \in W} \exp(v_{w_t}^{\mathrm{T}} u_w)} \tag{6.20}$$

ここで，W はコーパスに出現する全語彙集合を表す．たとえば，$p(\text{食べる}|\text{りんご})$ の場合，以下のように計算される．

$$p(\text{食べる}|\text{りんご}) = \frac{\exp(v_{\text{りんご}}^{\mathrm{T}} u_{\text{食べる}})}{\exp(v_{\text{りんご}}^{\mathrm{T}} u_{\text{食べる}}) + \exp(v_{\text{りんご}}^{\mathrm{T}} u_{\text{机}}) + \cdots} \tag{6.21}$$

ここでのポイントは各単語が 2 種類のベクトルを持つことである．語と語がよ

[†] この他に CBOW (continuous bag of words) とよばれる方法があり，CBOW は周辺の語から対象の単語を予測するモデルである．
[††] ソフトマックス関数は多クラス分類に用いられる関数で，クラス k の値を a_k と表すときに，クラス k の確率を $\frac{\exp(a_k)}{\sum_j \exp(a_j)}$ で与える．

く共起することは，ある語の単語ベクトル v ともう一方の語の単語予測ベクトル u が近い（内積が大きい）ことで表現される．たとえば，「りんご」と「食べる」がよく共起するとして，$v_{りんご}$ と $v_{食べる}$ が近くなるわけではなく，$v_{りんご}$ と $u_{食べる}$ が近くなる．$v_{りんご}$ や $v_{みかん}$ が，ともに $u_{食べる}$ や $u_{ジュース}$ と近くなるように学習されることにより，結果的に $v_{りんご}$ と $v_{みかん}$ が近くなる．なお，学習したいのは単語ベクトル v で，単語予測ベクトル u は学習後に捨てられる．

$p(w_{t+j}|w_t)$ の計算において式 (6.20) の分母をそのまま計算しようとすると，全語彙数（数万～数十万）の計算が必要となり大きなコストがかかる．そこで，全語彙ではなく，文脈語 w_{t+j} と，ごく少数のランダムに選ばれた単語のみを考慮する．これを**疑似負例**とよび，w_{neg} と表記する．疑似負例は，文脈語ごとに，コーパス中の出現頻度に比例する確率でランダムに K 個（通常，5～20 個）選ばれる（図 **6.7**）．

このように考えると，式 (6.19) の目的関数を大きくすること，すなわち式 (6.20) の文脈語の予測確率を大きくすることは，対象単語 w_t とその文脈語 w_{t+j} について $\sigma(v_{w_t}^{\mathrm{T}} u_{w_{t+j}})$ を 1 に近づけ，疑似負例 w_{neg} については $\sigma(v_{w_t}^{\mathrm{T}} u_{w_{neg}})$ を

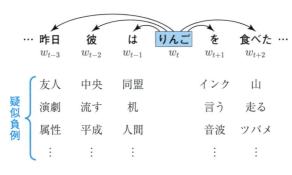

図 **6.7** skip-gram モデル

0 に近づけることによって達成される．ここで，シグモイド関数 σ を用いるのはベクトルの内積の値の大小を 1 から 0 までの間に収めるためである．先ほどの例では，文脈語について $\sigma(\boldsymbol{v}_{りんご}^{\mathrm{T}} \boldsymbol{u}_{食べる})$ を 1 に近づけ，疑似負例について $\sigma(\boldsymbol{v}_{りんご}^{\mathrm{T}} \boldsymbol{u}_{山})$, $\sigma(\boldsymbol{v}_{りんご}^{\mathrm{T}} \boldsymbol{u}_{走る})$ などを 0 に近づける．

このことをニューラルネットワークモデルで行うと図 6.8 のようになる．入力層と出力層のノード数は語彙数に対応し，中間層のノード数 L が単語のベクトル表現の次元に相当する[†]．入力層のある単語に対応するノードから中間層へのエッジの重み v を並べたものがその単語ベクトルとなり，中間層から出力層のある単語に対応するノードへのエッジの重み u を並べたものがその単語の単語予測ベクトルとなる．また，中間層では非線形関数を適用せず，出力層ではシグモイド関数 σ を適用する．

以上のようにネットワークを定義すると，入力として w_t に対応するノードを 1，他を 0 としたとき，出力層における，ある単語 w に対応するノードの値 out は以下のようになる．

$$out = \sigma(\boldsymbol{v}_{w_t}^{\mathrm{T}} \boldsymbol{u}_w) \quad (6.22)$$

文脈語についてこの値を 1，疑似負例について 0 に近づけることが目標であったので，文脈語，疑似負例の教師信号 y をそれぞれ 1, 0 とすると，以下の式で与えられる対数尤度 L を大きくすることが目標となる[††]．

$$L = \log(out^y \cdot (1 - out)^{1-y}) \quad (6.23)$$

対数尤度 L を大きくしたいので，$-L$ を誤差 E と定義し，コーパス中の全単語について，その文脈語と K 個の疑似負例それぞれに対して誤差 E が小さくなるように，誤差逆伝播法を用いて重みを更新する．その結果得られる入力層から中間層への重みが単語のベクトル表現となる．

以上の手順で日本語ウェブテキスト 1 億文から word embedding を学習し，「りんご」と他の全単語の類似度を単語ベクトルの cosine 類似度で計算した結

[†] word2vec は深層学習のツールとよくいわれるが，実際は多層ではなく，3 層のニューラルネットワークである．

[††] y が 1 の場合，$L = \log out$ となり，out が大きければ L が大きくなり，y が 0 の場合，$L = \log(1 - out)$ となり，out が小さくなれば L が大きくなる．

果，類似度上位となった語を**表 6.1** に示す．異表記の「リンゴ」との類似度が非常に高く，続いて他の果物との類似度が高いことがわかる．

単語のベクトル表現の学習だけではなく，句，文，文書のベクトル表現についても，それらを構成する単語のベクトルを組み合わせることによって学習する研究が盛んに行われている．

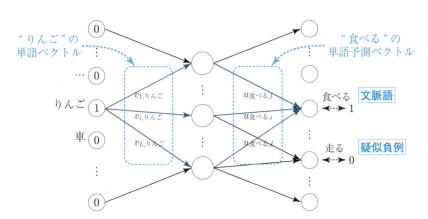

図 6.8 word2vec のニューラルネットワークモデル

表 6.1 「りんご」と類似度の高い語

単語	類似度	単語	類似度
リンゴ	0.933	巨峰	0.864
いちじく	0.875	いちご	0.860
みかん	0.869	さくらんぼ	0.860
すいか	0.868	イチゴ	0.859
ぶどう	0.868	甘夏	0.858

6.4 リカレントニューラルネットワーク

これまで説明したニューラルネットワークでは，入力と教師信号のペアは他のペアと独立で，ペアごとに中間層の状態をリセットしていた．これに対し，中間層の状態をリセットせずに，次の入力のときに中間層の状態を引き継ぐニューラルネットワークを**リカレントニューラルネットワーク** (recurrent neural network, **RNN**) とよぶ．自然言語処理においても，言語モデル学習や系列ラベリングなど，系列を扱う場合に RNN が用いられる．ここでは，言語モデル学習を例にして，RNN の仕組みを説明する．

2.4 節で述べたとおり，言語モデルでは，文脈が与えられて次の単語を予測し，さらに，その単語を文脈に加えて次の単語を予測するということを繰り返す．たとえば，「彼 は 京都 大学 に 行った」という文において，文脈「彼」が与えられ，次の単語「は」を予測し，さらに文脈「彼 は」から「京都」，文脈「彼 は 京都」から「大学」を順次予測する．

これをニューラルネットワークでモデル化すると図 **6.9** のようになる．これまでのニューラルネットワークと異なり時刻という概念が現れる．$x(t)$ は時刻 t における入力を表す．$x(t)$ は語彙数の次元からなるベクトルで，入力単語に対応する次元のみが 1 で，他の次元は 0 になっている．中間層の値 $s(t)$ はこれまでの単語の情報を圧縮したものとなっており，時刻 t の入力単語と時刻 $t-1$ の中間層の値 $s(t-1)$ から，以下の式で計算される．

$$s(t) = \sigma(\boldsymbol{V}\boldsymbol{x}(t) + \boldsymbol{W}\boldsymbol{s}(t-1)) \tag{6.24}$$

ここで，行列 $\boldsymbol{V}$ は「中間層の次元数 × 語彙数」の行列で，各列ベクトルは単語ベクトルを表す．行列 $\boldsymbol{W}$ は 1 つ前の時刻の中間層の値を保持する領域から中間層への写像関数である．σ はシグモイド関数であり，各次元の要素に適用する．

次に中間層の値から出力層の値 $y(t)$ を計算する．$y(t)$ は語彙数の次元からなるベクトルで，以下のように計算される．

$$\boldsymbol{y}(t) = g(\boldsymbol{U}\boldsymbol{s}(t)) \tag{6.25}$$

ここで，U は中間層から出力層への写像関数，g はソフトマックス関数で全

6.4 リカレントニューラルネットワーク

語彙で確率を正規化するために使われている．$y(t)$ においてある語 w に対応する次元はそこまでの文脈のもとでのその語の出現確率 $p(w|\cdots, w_{t-1}, w_t)$ を表す．たとえば，入力系列として「彼 は 京都」が与えられた後では，「大学」に対応する次元は $p(大学 | 彼, は, 京都)$ を表し，「の」に対応する次元は $p(の | 彼, は, 京都)$ を表す．次のステップでは，$s(t)$ が図 6.9 左下の中間層の記録領域にコピーされ，時刻 $t+1$ で次の単語を予測するときに利用される．

このモデルにおいて学習すべき重みは V, W, U であり，システムの出力ベクトル $y(t)$ と，実際に出現した単語の次元を 1，それ以外を 0 としたベクトルとの誤差に基づき重みを学習する．ただし，RNN の出力は過去の時刻の情報に依存するので，これまでのニューラルネットワークとは重みの更新方法が異

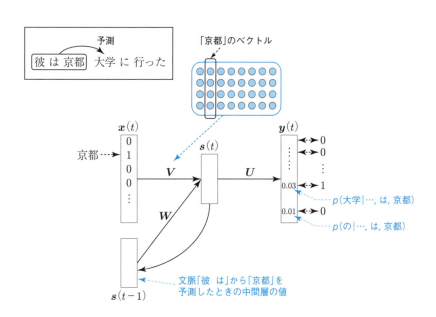

図 6.9　RNN の言語モデルへの適用

なる．図 6.9 に示した RNN を 90 度回転し時間方向に展開すると，図 6.10 のように順伝播型ニューラルネットワークとして記述できる．RNN における重みの更新は計算量の問題から T 時間（通常，数十）ごとに区切って行われる．まず，時刻 1 から時刻 T まで順番にシステムの出力を計算する．次に，誤差を逆伝播するが，時刻 t における誤差は時刻 t だけでなく，時刻 $t-1, t-2, \cdots$ の情報にも起因することから，下方向だけでなく，中間層をつなぐエッジを通して左方向にも伝える必要がある．そして，各エッジで重みの更新量を計算し，行列 V, W, U は共有されているので，各行列に対する更新量の和を各行列に足しこむ．これが終わると次は時刻 $T+1$ から $2T$ で重みの更新が行われる．

RNN による言語モデルは，2.4 節で説明した古典的な言語モデルと比較して，以下の長所がある．

- 古典的な言語モデル学習では，n-gram の n の値を設定しなければいけないが，このモデルでは設定する必要はなく，理論上，$s(t)$ がこれまでの履歴すべてを表したものである．実際は最大 10 時刻（10 単語）程度の情報が保持されているといわれている．
- 古典的な言語モデルでは，たとえば，$p(大学|京都)$ と $p(大学|東京)$ は独立に計算されるが，「京都」「東京」それぞれの次に来る単語の分布が類似していれば，「京都」と「東京」のベクトルが近くなるように学習され，そのような類似した語（地名）を表す単語の次にどのような単語が来るかを学習できる．このように単語を汎化した言語モデル学習を行うことができる[†]．

RNN は長期依存性，すなわち，10 時刻以上離れた入力と出力の関係を学習することは難しい．それは図 6.10 において誤差が重みをかけて過去に伝わっていくために（6.2 節の式 (6.18) を参照），勾配が消失もしくは発散してしまうからである．そこで，RNN の一種である，**LSTM** (long short-term memory) とよばれるニューラルネットワークが広く用いられている．LSTM では，中間層として記憶セルを内蔵したユニットが用いられ，「入力から記憶セルへどれくらい情報を通すか」，「記憶セルからどれくらい出力するか」，「記憶セルにある

[†]6.3 節で述べた word2vec はこの RNN 言語モデルの後に提案されたものである．word2vec では言語モデルのように前の単語から後ろの単語を予測することが目的ではなく，前後の文脈からより良い単語ベクトルを学習することを目的としている．

情報をどれくらい忘却するか」，という3つのことをユニットがコントロールする．このことにより，通常のRNNで扱えなかった長期依存性を学習することができる．LSTMは後述する翻訳や対話システムなど，幅広い分野で利用されている．

本書では詳しく説明しないが，この他にも広く利用されているニューラルネットワークとしては以下のようなものがある．

> 再帰型ニューラルネットワーク (recursive neural network, RNN)[†]：
>   文の構文解析結果に基づき，再帰的に演算を行うことにより句や文のベクトル表現を得ることができる．
>
> 畳み込みニューラルネットワーク (convolutional neural network, CNN)：
>   画像認識において，位置に依存しない特徴量を抽出するために利用され，大きな成果を上げている．その考えを自然言語処理にも適用し，位置に依存しない n-gram 特徴量を抽出するために利用されている．

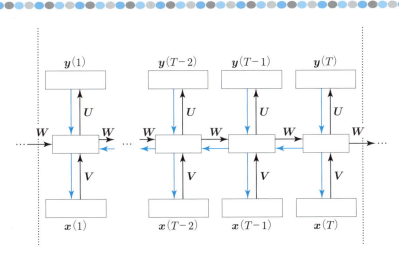

図 6.10　RNN の時間方向への展開

[†]RNN と書かれたときにリカレントニューラルネットワークか再帰型ニューラルネットワークのどちらを指すかは文脈から判断するしかない．

第 6 章　ニューラルネットワークの利用

演習問題

6.1 word2vec の学習において誤差 E は式 (6.23) で定義された L を使って $E = -L$ とすると述べた．この E を out で偏微分すると，

$$\frac{\partial E}{\partial out} = \frac{out - y}{out(1 - out)}$$

となる．まず，これを導出してみよう．次に，これを使って重み $v_{i,りんご}$ と $u_{食べる,i}$ の更新式を導出してみよう．

6.2 適当な文書集合に対して word2vec を適用し，単語ベクトルを学習してみよう．次に，表 6.1 に示したように，好きな単語と類似度の高い語を計算し，word embedding の問題点を考察してみよう．

第7章

情報抽出と知識獲得

　テキストからの情報抽出および知識獲得について説明する．情報抽出では主に固有名に関連する属性や，特定のイベントの主要な項目を発見する手法を説明する．知識獲得については，事態間の関係の獲得と，それをまとめたスクリプトの構築について述べる．

7.1 はじめに

これまでの章では，自然言語処理の基本的なタスクである文や文章の解析について述べてきた．この章からは，自然言語処理の応用として，人々の情報利活用やコミュニケーションを支援する技術について説明していく．

この章ではまず，**情報抽出** (information extraction) と**知識獲得** (knowledge acquisition) について説明する．情報抽出と知識獲得はともに，構造化されていないテキストから情報または知識を自動的に取り出すことをいう．その区別は必ずしも明確ではないが，情報抽出では固有名や特定のイベント（出来事）に関する情報を，知識獲得ではより一般的な知識を扱う．

一般的な知識という場合，これまでに説明してきた，同義・類義語や格フレームもその一種と考えられるが，ここではより高次の，事態間の関係やスクリプトとよばれる知識について考える．

7.2 情報抽出

7.2.1 関係抽出とイベント情報抽出

情報抽出は，構造化されていない非定形のテキストから，固有名に関連する属性や，特定のイベントの主要な項目を抽出し，表の形に整理する処理を意味する．情報抽出の具体例を**図 7.1** に示す．

組織，人，物などの固有名の属性として，たとえば，《会社》については〈社長〉〈所在地〉などの属性があり，「A 電気」の場合はその具体的な属性値が「田中一郎」「京都市」，「B 商事」の場合は「山田太郎」「大阪市」などとなる．

カテゴリが異なれば属性が異なり，たとえば《製品》の場合は，〈メーカ〉〈価格〉などの属性が考えられ，《人》の場合は〈誕生日〉〈出身地〉〈国籍〉〈職業〉などが考えられる．このような関係は，「A 電気」と「田中一郎」が〈会社の社長〉という関係を持つと考えることもでき，**関係抽出** (relation extraction) ともよばれる．

一方，イベントについては，たとえば，《感染症流行》であれば〈病名〉〈場所〉〈時期〉，《企業買収》であれば〈買収元〉〈買収先〉〈時期〉などの重要な項

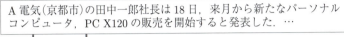
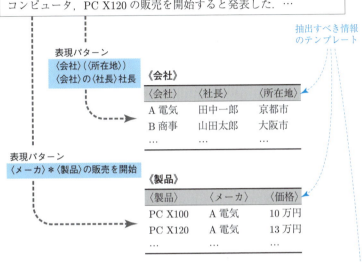
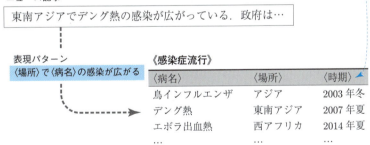

図 7.1　情報抽出の例

目が考えられる．具体的なイベントについてそれらの項目を取り出す処理は**イベント情報抽出** (event information extraction) とよばれる．たとえば，《感染症流行》について「デング熱 が 東南アジア で 2007 年夏 に流行した」ということを図 7.1 のように抽出する．

関係抽出，イベント情報抽出ともに，このような処理を自動的，高精度に行うことができれば，表形式にまとめられた一覧性の高い情報自体に価値があることに加えて，たとえば属性を指定した商品検索など，人々の情報利活用を高度に支援することが可能となる．

情報抽出の研究は **MUC** (Message Understanding Conference) とよばれる評価型ワークショップにおいて議論され，進展してきた．研究の初期には，「〈製品〉〈メーカ〉〈価格〉」「《感染症流行》：〈病名〉〈場所〉〈時期〉」のように，抽出すべき情報のテンプレートと，それを抽出するための表現のパターンを人手で用意した．たとえば，「〈買収先〉が ∗ 〈買収元〉を ∗ 買収する」「〈メーカ〉∗ 〈製品〉を発売」などの表現パターンである（∗は任意の文字列にマッチ）．しかし，このような人手作業には大きなコストがかかり拡張性もないため，その後，表現パターンやテンプレートを自動学習する研究が進展した．

7.2.2　表現パターンの自動学習

上位下位関係のような代表的な関係について，たとえば，英語の "X such as Y and Z" のような典型的な表現パターンを用意し，そこから X が上位語，Y と Z が下位語という関係を取り出すことは可能である．しかし，一般にはある関係を表現するパターンは多数存在し，様々な関係についてそれぞれに多数のパターンを人手で用意することは容易ではない．

一方，ある関係を持つ具体的なペア（インスタンス）の小さな集合を用意することはそれほど難しくない．そこで，最初に人手で少数のインスタンスを種 (seed) として与え，コーパスでそれらとよく共起する表現パターンを獲得する．次に，このパターンを用いてコーパスから新たなインスタンスを獲得し，この処理を繰り返す．このような情報抽出の戦略を**ブートストラップ** (bootstrap) とよぶ．

たとえば，〈会社〉と〈所在地〉の関係について，次のようにまずインスタンス集合 I_1 を種として与えてこのような方法を適用すれば，徐々にパターン集合

P とインスタンス集合 I が獲得されていくであろう．

I_1： A 電気-京都市，B 商事-大阪市
P_1： 〈会社〉は〈所在地〉にある，〈会社〉の所在地は〈所在地〉，$\cdots$
I_2： C 自動車-大津市，D 電気-大阪市，$\cdots$
P_2： 〈所在地〉にある〈会社〉，〈所在地〉の〈会社〉，$\cdots$
$\cdots$

このような考え方による関係抽出の手法として，**Espresso** とよばれる手法が有名である．Espresso では，良いパターンは良いインスタンスを取り出し，良いインスタンスは良いパターンによって取り出されると仮定し，パターンの信頼度 $r_{パターン}$ とインスタンスの信頼度 $r_{インスタンス}$ を相補的に次のように計算する．ただし，最初に人手で与えられる種となるインスタンスについては $r_{インスタンス} = 1$ としておく．

$$r_{パターン}(p) = \frac{\sum_{i \in I}\{\frac{\mathrm{pmi}(i,p)}{\max_{\mathrm{pmi}}} \times r_{インスタンス}(i)\}}{|I|} \tag{7.1}$$

$$r_{インスタンス}(i) = \frac{\sum_{p \in P}\{\frac{\mathrm{pmi}(i,p)}{\max_{\mathrm{pmi}}} \times r_{パターン}(p)\}}{|P|} \tag{7.2}$$

ここで，I と P はその時点でのインスタンス集合とパターン集合，$|I|$ と $|P|$ はそれらの要素数である．また，$\mathrm{pmi}(i,p)$ はインスタンス i とパターン p の共起の度合いを示す自己相互情報量で，次の式で計算される．$\max_{\mathrm{pmi}}$ は $\mathrm{pmi}(i,p)$ の最大値である．

$$\mathrm{pmi}(i,p) = \log \frac{|i,p|}{|i| \times |p|} \tag{7.3}$$

ここで $|i,p|$ はコーパス中でのインスタンス i とパターン p の共起の頻度である．たとえば i を「A 電気-京都市」，p を「〈会社〉は〈所在地〉にある」とすれば「A 電気は京都市にある」の頻度を表す．$|i|$, $|p|$ はそれぞれインスタンス i とパターン p の頻度である[†]．

[†] 4.2.2 項で説明した自己相互情報量では確率が用いられていたが（そちらの方が一般的である），Espresso の計算式における自己相互情報量では頻度が用いられている．

Espressoは，このような信頼度に基づき，少しずつ良いパターンと良いインスタンス（関係）を抽出していく．

7.2.3 テンプレートの自動学習

イベント情報抽出では，あるトピックのイベントにどのような重要な項目があるかをテンプレートとして用意するが，その自動学習を含めて情報抽出を行う試みもある．重要な項目を示す表現パターンは多数あるので，それらを同時に獲得することがポイントである．

あるトピックに関する文書を大量に収集し，その中で特に類似する文書（＝同一イベントを説明した文書）の対応付けを行うことによって同義表現を獲得することができる．たとえば，「感染症流行」に関する文書集合を取得し，その中で特に類似する文書が次のような文を含んでいるとする．

(1) デング熱が東南アジアで大流行している．
(2) 東南アジアでデング熱の感染が広がっている．

この対応付けから，「XがYで大流行している」と「YでXの感染が広がっている」が同義表現パターンであることが獲得できる．

あるトピックのイベントに関する重要な項目は，文書集合中で高頻度なものであると考える．すなわち，上記のパターンが「感染症流行」の文書中で高頻度であれば，そのX, Yに相当する〈病名〉〈場所〉が重要な項目であると判断して「《感染症流行》：〈病名〉〈場所〉」というテンプレートを学習する．さらに，これらのパターンのX, Yにマッチする具体値，「デング熱」「東南アジア」を抽出する．一旦，このようなテンプレートとパターンが学習されれば，それらを用いて「鳥インフルエンザ」などの他の感染症流行に関するイベント情報を抽出することも可能となる．

7.2.4 関係のデータベースの整備

関係抽出の目標である組織，人，物などの属性情報を，Wikipedia のような集合知の枠組みで，大規模なデータベースとして整備しようという試みが行われている．

その代表的なものの一つは **DBpedia** とよばれるプロジェクトである[†]．Wikipedia の中の構造化された情報であるインフォボックスを基本的な情報源として，1000 万を超える物事について 20 億を超える情報が登録されている．DBpedia には多言語の情報も含まれているが，日本でも Wikipedia 日本語版をベースに DBpedia 日本語版を構築するプロジェクトが行われている[††]．

Freebase も同様に世界中の物事の基本情報をデータベース化しようとするプロジェクトで，DBpedia と同程度の規模である[†††]．Wikipedia などの様々な既存の情報を用いるとともに，wiki によって個人が情報を登録できる仕組みを備えているが，対象は英語のみである．

Google は，2010 年に Freebase を開発してきた企業を買収し，これをもとに Knowledge Graph とよばれる知識ベースを構築し，検索の高度化を進めている．

自然言語処理の立場では，このようなデータベース中の関係を正解データとして利用できるので，これをもとに一般のテキストから関係抽出を行うシステムを学習する研究が行われている．このような枠組みは**ディスタントスーパービジョン** (distant supervision) とよばれている．

[†] http://dbpedia.org/
[††] http://ja.dbpedia.org/
[†††] http://www.freebase.com/

7.3 知識獲得

7.3.1 事態間知識

本書でこれまでに説明してきた同義・類義語や格フレームも一般的な知識であるが，ここでは，文で表現される出来事や状態を単位として，その間の関係に関する知識を考える．以後，出来事や状態をまとめて事態とよぶことにする．

事態間の関係としてまず考えられるものは，同義・類義の関係である．4.2.2項で，分布類似度の考え方で名詞の同義・類義語を計算できることを説明した．用言についても同様の計算ができるが，一般に用言は曖昧性が強く，用言単体で類似度を計算してもあまり意味を持たない．

一つの解決策は，用言単体ではなく重要な項を加えた句としての出現を調べることである．たとえば，「冷え込む」と「落ち込む」はそれぞれ様々な用法があり，これらを同義と考えることはできないが，「景気が冷え込む」「景気が落ち込む」のように「景気」という同一の項を加えれば同義と考えることができる．この同義性はこれらの句を単位として出現文脈の類似度を計算することで求まる．

文体が大きく異なる同義表現も存在する．前節で述べた「XがYで大流行している」「YでXの感染が広がっている」のような同義表現は，前節のように，同じ事態を表現していると考えられる文・文章を収集してその関係を調べることで獲得できる．前節の例は，同じイベントを伝える複数のニュース記事を用いるものであったが，これ以外にも，同じ用語の複数の定義文や，同じ原文の複数の翻訳などを用いることも可能である．

事態間の関係として次に考えられるのは，因果関係（たとえば「ころぶ → 骨折する」）や，強く共起する時間経過の関係（たとえば「朝起きる → 顔を洗う」）などである．これらの関係は，コーパスにおいてよく共起することを手がかりとして抽出することができ，共起の尺度としては自己相互情報量などを用いることができる．

ここで重要なことは，事態間に項の共有があり，これを正確に抽出してはじめて事態間知識といえるという点である．この問題に対して，英語では代名詞

などによる照応関係が比較的高精度に解析できるので，その関係を利用することができる．たとえば次の文を考える．

(3) The police arrested **John** and charged him.

ここで him が John と照応することがわかれば，「X arrest Y → X charge Y」という，項の対応関係を含む事態間知識が得られる．

日本語では，文脈から推測可能な項は多くの場合省略される．そのため，日本語における事態間知識の獲得では次のような省略の頻出する文集合を対象とする必要がある．

(4) a. 彼が財布を拾って，警察に届けた．
b. 財布を拾ったので，警察に届けた．
c. ドライバーが財布を拾って，届けた．

この場合，まず「財布を拾う → 届ける」という強く共起する部分情報を抽出し，次に，「拾う」の格フレームと「届ける」の格フレームの項の対応付けを行うことにより，最終的に「X が 財布を 拾う → X が 財布を 警察に 届ける」という事態間知識を得ることができる．

7.3.2 スクリプト

ある状況において典型的に起こる一連の出来事を記述した知識を，シャンク (R.Schank) は**スクリプト** (script) と名付けた．たとえば，レストランでの食事は，「レストランに入る」「席につく」「注文をする」「料理を食べる」「支払いをする」「レストランを出る」という一連の出来事で説明できる．人工知能研究の中で，コンピュータが状況理解を行うためにはこのような知識が必要であることが議論されてきた．

しかし，世の中の膨大な状況に対して，このような知識を人手で与えることは不可能である．一方で，大規模なコーパスが利用可能となり，自然言語処理の技術も成熟してきたことから，スクリプトを自動学習する研究がはじまっている．

まず，前項で述べたような方法で 2 つの事態間の関係を抽出し，次に項の類

似度を考慮しつつ関連するものを統合すれば，図 7.2 に示すような，ある種のスクリプト的な知識が得られる．このようにして獲得された知識はウェブ上で公開されている[†]．

7.3.3 知識獲得の今後

本章で説明した事態間知識やスクリプトを含め，一般に自然言語処理における知識獲得が対象とする知識は，人間にとっては当たり前の，いわば常識レベルの知識が中心である．

言語を理解するには常識が必要であり，コンピュータの言語理解のためにもコンピュータに常識を与える必要がある．しかし，逆に，ある程度の言語理解ができなければ，コンピュータが常識を自動獲得することは難しい．「にわとりとたまご」の問題である．

ウェブコーパスという超大規模コーパスが利用可能となったこと，テキスト

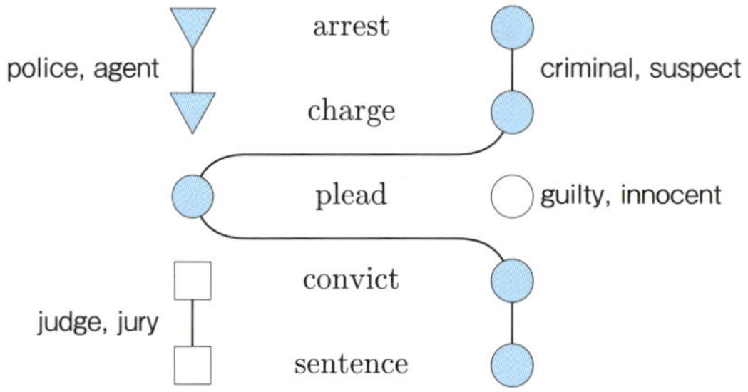

図 7.2 スクリプト的知識の獲得例（N. Chambers and D. Jurafsky: Unsupervised Learning of Narrative Schemas and their Participants, ACL2009 より．述語の左と右の記号は主語と目的語を表し，そのつながりと具体例が示されている）

[†] http://www.usna.edu/Users/cs/nchamber/data/schemas/acl09/

の基本解析が高精度になってきたことから，知識獲得の研究も徐々に進展している．しかし，事態間知識やスクリプトなどの高度に構造化された知識を完全に自動で構築することは当面は難しいであろう．一方で，最近ではウェブを通して比較的安価に，大量に，人々に基本的なタスクを行ってもらう**クラウドソーシング** (crowdsourcing) という枠組みが生まれている．事態間知識やスクリプトのように，人間にとっては基本的，常識的な知識であれば，自動学習とクラウドソーシングの併用によって大規模で正確な知識を獲得できる可能性があり，今後の進展が期待される．

7.4 知識の柔軟な利用

　自然言語処理の高度化のために重要なもう一つの課題は，知識の柔軟な利用方法を確立することである．大規模コーパスからの知識の自動獲得やクラウドソーシングなどによってコンピュータに知識を与えることは進みつつあるが，今度はそれを柔軟に使いこなすことが必要となる．

　そこで，知識をうまく利用できるかどうかを評価するために，**RTE** (recognizing textual entailment, テキスト含意認識) というタスクが考えられている．RTE では，以下の例のようにテキスト T と仮説 H について，T が成り立つ場合に H が成り立つならば（すなわち，T が H を含意すれば／T から H が推論されれば）YES，そうでなければ NO とするデータを構築する．そして，この YES, NO の判断をシステムで行うことをタスクとするのである[†]．

(5) 　T: 　アシガバート空港は，トルクメニスタンの首都アシガバートにある空港である．

　　　H: 　アシガバートは，トルクメニスタンの首都である．

　　　$\Rightarrow$ 　YES

(6) 　T: 　寄席が 1000 円で楽しめるとは，かなりお手ごろ価格だ．

　　　H: 　寄席が 1000 円で見られるのは安い．

　　　$\Rightarrow$ 　YES

[†]ここでは，含意の説明のために YES の例を多く示したが，実際には YES と NO の問題が同程度用意される．

(7) T: フィンランドの教育理念は子ども一人一人を大切にすることである．
　　H: フィンランドの教育では個性を重んじる．
　　⇒ YES

(8) T: 新羅と唐は，羅唐同盟を結び，660年に百済を，668年に高句麗を滅ぼした．
　　H: 7世紀に，高句麗は唐と戦った．
　　⇒ YES

(9) T: 新しくきれいな映画館が増え，話題作も相次ぐ中で，映画業界が集客アップに力を入れている．
　　H: 映画界が勢いを取り戻している．
　　⇒ YES

(10) T: レジ袋の有料化方針が報道されたが，有料となると問題が大きい．
　　H: レジ袋の有料化が決まっている．
　　⇒ NO

上記の例からもわかるとおり，ここで考えている T と H の関係には様々なものがある．(5) は包含関係であるが，T は同格表現で，その解釈は簡単ではない．(6), (7) は同義関係，(8) は前提，(9) は一般化になっている．

これらの含意関係を正しく認識するためには，コンピュータが自分の持つ知識を柔軟に利用する必要がある．どのような枠組みでそれが可能になるかは今後の研究の進展を待たねばならないが，このように明確な問題が与えられることの意味は大きい．

RTE は 2005 年に英語のデータセットによる第 1 回の評価型ワークショップが行われ，日本でも 2011 年から NTCIR のタスクとして RITE (Recognizing Inference in TExt) という名前でワークショップがはじまっている．上記の例は，RITE のデータセットに含まれているものである．

国立情報学研究所が中心となって 2011 年に「東大ロボットプロジェクト」がはじまった．これは，コンピュータに大学入試問題を解かせるという試みで，5年後にセンター試験で高得点をとり，10 年後に東大入試合格レベルを目指している．そのためには様々な「かしこさ」をコンピュータに与える必要があるが，

センター試験の世界史などで求められるのはまさにテキスト含意認識ができる「かしこさ」である.

たとえば，下記のRTE問題は，Tを教科書の一節，Hを試験問題と考えれば，Tを知っているコンピュータが，Hを〇と考えるか×と考えるかという問題になる．なかなか難しい問題であるが，読者の皆さんも考えてみてほしい．

(11) T: パトリシアラムジーの死後，後任のパトリシア王女カナダ軽騎兵連隊連隊長となったのは遠縁で名付け子のパトリシアナッチブルであった．

H: パトリシアナッチブルは親戚の名付け親であるパトリシアラムジーの後任として，パトリシア王女カナダ軽騎兵連隊の連隊長に着任した．

$\Rightarrow$ ？ （演習問題 7.3）

演習問題

7.1 適当なトピックのイベントについて，そのテンプレート（関連する重要な項目）と，それらを取り出すための表現パターンを考えてみよう．

7.2 情報抽出を高精度に行うことができた場合，それをどのようなサービスで利用することができるかを考えてみよう．

7.3 7.4節のRTEの問題 (11) の答えは〇である．この問題を解くためにどのような知識が必要か，またそれを総合してこの問題を解くためにはどのような枠組みが必要となるかを考えてみよう．

第8章

情報検索

情報検索の基礎である転置インデックス，語の重要度の計算，情報検索の評価尺度について解説する．また，ウェブ検索におけるページの重要度尺度であるページランクを紹介する．

8.1 はじめに

必要な情報を探すことは，人の知的活動の根源ともいえる．情報検索[†]は，古くは，論文やビジネス文書に対してその内容を表現するキーワードを人手で付与しておき，検索時にもキーワードを与えてマッチする文書を提示するというものであった．

その後，文書から重要なキーワードを自動抽出して検索対象とすること，さらに，語の重要度を考慮しつつ文書の全体を検索対象とする**全文検索** (full text search) に発展した．1990 年代からは，ウェブの出現とともに，ウェブの全文検索，いわゆる**サーチエンジン** (search engine) の研究開発が加速度的に進展した．

現在では，人々の生活においても，企業活動などにおいても，ウェブ検索によって情報を収集し，それを判断・行動のよりどころとすることが少なくない．その意味でウェブは一種の社会基盤であり，その検索が有効に機能することは極めて重要である．この章では，情報検索，ウェブ検索の基本的な仕組みを説明する．

8.2 情報検索の基本的な仕組み

8.2.1 転置インデックス

本には索引があり，調べたい語に関連する重要な箇所に効率的にアクセスすることができる．ウェブなどの大規模な文書集合に対する全文検索の場合も同様で，あらゆる語がどの文書に出現するかを事前に調べて索引を作っておく．このような索引を**転置インデックス** (inverted index) とよぶ．

ここでは説明の簡単化のために 5 つの文書が検索対象で，その中の語の出現が図 8.1 の左の表のようになっているとする．このとき右の表のような転置インデックスを作っておけば，どの語がどの文書に出現しているかということが一目瞭然となる．たとえば，「言語」を含むのは文書 1 と文書 3 であり，さら

[†]「情報検索」というのは若干大げさな表現で，「情報」そのものを検索するのではなく，「得たい情報に関連する文書」を検索するという意味である．

に,「言語」と「コンピュータ」の両方を含むのは文書1だけであることも簡単に求められる.

図 8.1 では語が各文書に出現するかどうかだけをインデックスしたが,実際のウェブ検索などでは各文書における各語の出現位置,すなわち,文書の先頭から何文字目にその語が出現するかもインデックスしておく.出現位置の関係を調べれば2つの語が文書中で隣接していることがわかり,複合語などの検索が可能となる.

8.2.2 語の重要度

検索したい内容を表現する語集合や自然文を**クエリ** (query) とよぶ.大規模な文書集合に対する検索では,クエリ中の語をすべて含む文書が多数存在することも少なくない.たとえば,「言語 コンピュータ」でウェブ検索を行うと1千万件を超える文書がマッチする.そこで,それらの文書をクエリに対する**関連度** (relevance) によって**ランキング** (ranking) することが必要となる.

クエリと文書の関連度の計算は,語 (term) の重要度に基づいて行われる[†].ある語が文書の中で多数出現すれば,その文書はその語に強く関連すると考えられる.すなわち,語の重要度の基本は文書 d における語 t の頻度 $tf_{t,d}$ であり,これを **TF** (term frequency) とよぶ.

文書1	言語, コンピュータ, 問題
文書2	コンピュータ, 問題
文書3	言語, 問題, 情報
文書4	問題, 情報
文書5	情報, コンピュータ

言語	文書1, 文書3
コンピュータ	文書1, 文書2, 文書5
問題	文書1, 文書2, 文書3, 文書4
情報	文書3, 文書4, 文書5

図 8.1 転置インデックス

[†]語の重要度は,コンピュータ処理能力が十分でなかった時代にはキーワードの選択基準として用いられた.しかし現在では,すべての語を検索対象とする全文検索が一般的であるので,語の重要度は検索のランキングのための尺度として用いられている.

では，クエリが「言語 問題」である場合，「言語」と「問題」のどちらが検索においてより重要と考えられるだろうか．おそらく「言語」の方が検索の意図をより限定的に表現する重要な語であり，これに対して「問題」は一般的な語であるため，クエリに関連する文書を絞り込む効果は大きくないと思われる．

このような違いを表現する尺度が **IDF** (inverted document frequency，逆文書頻度) である．検索対象の文書集合中で，ある語 t を含む文書数 df_t を**文書頻度** (document frequency) とよぶ（各文書にその語が何回出現しているかは問わない）．文書頻度は，「言語」のような限定的な語では比較的小さな値，「問題」のような一般的な語では比較的大きな値になる．そこで次式で計算される IDF の値を，語の重要度のもう一つの尺度と考える．

$$idf_t = \log \frac{N}{df_t} \tag{8.1}$$

ここで，N は検索対象の文書の総数である．

語 t の文書 d における重要度を TF と IDF の積，すなわち，

$$tf_{t,d} \times idf_t$$

とする方法を **TF-IDF 法**とよぶ．**表 8.1** に TF-IDF 法の計算例を示す．ここでは文書数 $N=5$, $df_{言語}=2$ であるので，$idf_{言語}$ は $\log(5/2)=0.40$ となり，$tf_{言語,文書1}=2$ であれば，$\textit{tf-idf}_{言語,文書1}=0.80$ となる．

8.2.3 ベクトル空間モデル

表 8.1 の各列は，各文書について，そこに含まれる語とその重要度によって文書の内容をベクトルで表現したものと考えることができる．クエリについても同じ次元のベクトルで表現することによって，ベクトル間の類似度を用いてクエリに対する文書のランキングを行う検索モデルを**ベクトル空間モデル** (vector space model) とよぶ．

たとえば，**表 8.1** の文書集合に対して，「言語 問題」というクエリを与える場合，次のベクトル間の類似度を計算することになる．類似度としてはベクトル間の余弦などが用いられる．

8.2 情報検索の基本的な仕組み

$$d_{\text{文書}1} = \begin{bmatrix} 0.80 \\ 0.22 \\ 0.20 \\ 0.00 \end{bmatrix}, \quad d_{\text{文書}2} = \begin{bmatrix} 0.00 \\ 0.22 \\ 0.20 \\ 0.00 \end{bmatrix}, \quad d_{\text{文書}3} = \begin{bmatrix} 0.40 \\ 0.00 \\ 0.30 \\ 0.44 \end{bmatrix}, \cdots, \quad q = \begin{bmatrix} 1 \\ 0 \\ 1 \\ 0 \end{bmatrix}$$

$$\cos(d_{\text{文書}1}, q) = 0.83$$
$$\cos(d_{\text{文書}2}, q) = 0.48$$
$$\cos(d_{\text{文書}3}, q) = 0.74$$
$$\cos(d_{\text{文書}4}, q) = 0.30$$
$$\cos(d_{\text{文書}5}, q) = 0.00$$

この結果,検索のランキングは文書1,文書3,文書2,文書4,文書5となる.

ベクトル空間モデルでは文書の意味内容を**語の集合** (bag of words) として近似している.そこでは,日本語のように語の区切りがない言語の形態素解析を除いて,本書で説明してきたような言語の構造や意味(多義性や同義性)の解析はほとんど利用されていない.情報検索において言語の深い解析結果を活用することは今後の面白い課題である.

表 8.1 TF-IDF 法の計算例(文書の列の 2 つの値はそれぞれ tf と $tf\text{-}idf$)

	df	idf	文書1	文書2	文書3	文書4	文書5
言語	2	0.40	2, 0.80	0, 0.00	1, 0.40	0, 0.00	0, 0.00
コンピュータ	3	0.22	1, 0.22	1, 0.22	0, 0.00	0, 0.00	2, 0.44
問題	4	0.10	2, 0.20	2, 0.20	3, 0.30	1, 0.10	0, 0.00
情報	3	0.22	0, 0.00	0, 0.00	2, 0.44	1, 0.22	1, 0.22

8.3 情報検索の評価

8.3.1 適合率,再現率,F 値

情報検索の結果はどのように評価すればよいだろうか.簡単な例として,図 8.2 のような状況を考える.検索対象文書が 20 個あり,あるクエリについてそのうち 5 個が関連する文書(正解)である.一方,情報検索システムは 6 つの文書を選択し,そのうち関連する文書は 3 文書であるとする.このとき,**適合率** (precision),**再現率** (recall),**F 値** (F-measure) という 3 つの尺度を次のように定義する.

$$\text{適合率} = \frac{|\text{システムの選択文書} \cap \text{関連文書}|}{|\text{システムの選択文書}|} = \frac{3}{6} = 0.5 \quad (8.2)$$

$$\text{再現率} = \frac{|\text{システムの選択文書} \cap \text{関連文書}|}{|\text{関連文書}|} = \frac{3}{5} = 0.6 \quad (8.3)$$

$$\text{F 値} = \frac{2 \times \text{適合率} \times \text{再現率}}{\text{適合率} + \text{再現率}} = \frac{2 \times 0.5 \times 0.6}{0.5 + 0.6} = 0.55 \quad (8.4)$$

システムがすべての文書を選択する極端な場合,再現率は 1.0 となるが,適合率は $5/20 = 0.25$ と低くなってしまう.実際,すべてを選択したのでは検索の意味がない.一方,システムが最も自信のある 1 文書のみを選択しそれが正解であるとすれば適合率は 1.0 となるが,再現率は $1/5 = 0.2$ と低くなってしまう.

このようにトレードオフの関係にある適合率と再現率のバランスをみるものが,その調和平均である F 値である.先ほどの極端な場合の F 値はそれぞれ 0.4 と 0.33 であり,図 8.2 の 6 文書を選択した場合より低い値になっていることがわかる.

なお,情報検索を単純な**精度** (accuracy),すなわち各文書に対する判断(関連するかしないか)の正しさの割合で評価することには意味がない.通常,検索対象文書は大量であり,すべて関連しないと判断すれば 1.0 に近い精度となるからである(図 8.2 の例では $15/20 = 0.75$).

適合率，再現率，F値という考え方は情報検索に限ったものではなく，たとえば固有表現認識など，何かを抽出するタスクで一般的に用いられる尺度である．一方，たとえば語への品詞付与のように，すべてに適切な情報を与えるというタスクでは精度を考えればよい．

8.3.2 MAP

前節の説明は，あるクエリに対して各文書が関連するかしないかの2値判断を行う場合の評価であったが，すでに述べたとおり，情報検索ではランク付きで結果を返すことが必要であり，また一般的である．さらに，1つのクエリだけでなく，複数のクエリに対する平均的な良さでシステムを評価する必要がある．

このような点を考慮して，情報検索の評価ワークショップなどで一般に用いられている評価尺度が **MAP** (mean average precision) である．まず，あるクエリ q に対する**平均適合率** (average precision)，$AP(q)$ を次のように計算する．

$$AP(q) = \frac{1}{n}\sum_{k=1}^{n}\frac{k}{r_k} \tag{8.5}$$

ここで，n は q に関連のある文書数，r_k はシステムのランキングの中で k 番目の関連文書のランクである．

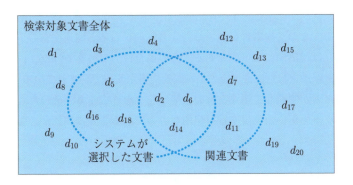

図 8.2　適合率と再現率

たとえば，図 8.2 と同様に 20 個の文書があり，あるクエリに対してシステムが 20 文書を以下のようにランキングし，実際の関連文書は 5 つ（下線のもの）であったとする．

$\underline{d_6}, d_{18}, \underline{d_{14}}, d_5, d_{16}, \underline{d_2}, d_8, \underline{d_{11}}, d_{12}, d_1, d_{20}, d_{17}, d_3, d_4, \underline{d_7},$
$d_{19}, d_9, d_{15}, d_{10}, d_{13}$

すなわち，システムのランキングにおいて 1 番目，3 番目，6 番目，8 番目，15 番目が関連文書であったとすると，$AP(q)$ は次のように計算される．

$$AP(q) = \frac{1}{5}\left(\frac{1}{1} + \frac{2}{3} + \frac{3}{6} + \frac{4}{8} + \frac{5}{15}\right) = 0.6 \tag{8.6}$$

1/1 はシステムが最上位にランクした文書を返したときの適合率，2/3 は 3 番目までの文書を返したときの適合率であるので，上記の計算が適合率の平均を計算していることがわかるだろう．

m 個の評価クエリ集合 $Q = \{q_1, q_2, \cdots, q_m\}$ が与えられると，$MAP(Q)$ は各クエリの平均適合率の平均値として次のように計算される．

$$MAP(Q) = \frac{1}{m}\sum_{k=1}^{m} AP(q_k) \tag{8.7}$$

情報検索においても，評価型のワークショップが開かれ，データが整備されることにより研究が推進されてきた．英語では TREC，日本語では NTCIR が代表的なワークショップであり，検索評価セット（クエリとその関連文書）が整備されている．なお，検索対象が 100 万文書規模になると関連文書の正解データを作ることは現実的に不可能である．その場合は，ワークショップに参加した各システムが選択した文書集合の和に関連文書がすべて含まれていると仮定し，その中から人が判断して関連文書の正解データを作成する．そのため情報検索の評価セットを用いた再現率は仮想的なものであることに注意が必要である．

8.4 ウェブ検索

8.4.1 ウェブ検索の仕組み

ウェブ検索は**サーチエンジン** (search engine) ともよばれる．これまでに説明してきた情報検索の基本的な枠組みに加えて，ウェブを対象にすることによって追加で考慮すべき事項がある．

ウェブ検索は大きく**誘導型** (navigational) と**調査型** (informational) に分類することができる．

■**誘導型**

誘導型の検索は，企業や行政のホームページのように存在することを知っている，あるいは存在することが予想されるページを見つけることを目的としたものである．この場合，クエリは企業名などであり，クエリとページの中身のマッチングよりも，クエリとは独立に，ページの**重要度**を考える必要がある．すなわち，単にその企業名を含むページではなく，その企業のトップページなどを重要と考える尺度が必要となる（次項でその方法を説明する）．

■**調査型**

一方，調査型の場合は，そもそも何を調べたいかが明確でない場合も含め，様々な場合がありえる．たとえば，漠然と「子育ての問題点を調べたい」という場合もあれば，「子供の体力低下について知りたい」「子供の体力低下に対する有効な対策を知りたい」「○○という運動器具が安全で効果的かどうかを知りたい」などの場合もある．このような検索では，前節で説明したクエリとページの関連度がまず重要であるが，ウェブ上には玉石混交の様々なページがあることから，誘導型の場合と同様にページの重要度を合わせて考慮することが有効である．

サーチエンジンにおいては，検索だけでなく，ウェブページの収集も重要な処理である．ウェブページを収集するソフトウェアは**クローラ** (crawler) とよばれる．ウェブは HTML のハイパーリンクでつながったウェブページの集合体であり，そこには全体の地図はない．クローラーの基本的動作は，いくつかの種となるページを出発点に，そのページを解析してハイパーリンクを抽出

し，その先のページを取得し，またそのページを解析するということを繰り返す．

全体の地図がないウェブにおいて，ウェブページが何ページ存在するかを推測することは難しい問題であるが，少なくとも日本語で 100 億ページ規模，全言語ではそれよりも一桁以上大きい規模と考えられる．クローラーの難しさは，このウェブの大規模さに加えて，ページの誕生と消滅，さらに既存ページの更新が極めて頻繁に起こる中で，いかにフレッシュなページを収集するかという点にある．様々な工夫が行われているが本書ではこの問題には踏み込まないことにする．

8.4.2 ページランク

ウェブは玉石混交であり，有益な情報を含む重要なページがある一方で，そうでないページも大量に存在する．そこで，クエリとは独立に，また，ページの中身をみるのではなく，ハイパーリンクによるウェブの構造のみを利用してページの重要度を計算する**ページランク** (PageRank) とよばれるアルゴリズムがある．

ページランクの基本的な考え方は「重要なページは重要なページからリンクされている」というものであり，ページ u の重要度 $PR(u)$ を以下の式で定義する．

$$PR(u) = \frac{1-d}{N} + d \sum_{v \in B_u} \frac{PR(v)}{L_v} \tag{8.8}$$

ここで，B_u はページ u をリンクしているページの集合，L_v はページ v からのリンク数である．N は（計算対象とする）ウェブページの総数，d はダンピングファクタとよばれるもので 0.85 程度に設定される．

図 **8.3** にページランクの計算の様子を示す（$d = 1$ の場合）．たとえば，ページ B はページ A とページ C からリンクされており，ページ A のページランクが 0.20，ページ A からのリンクが 2 本であるとすると，ページ A からページ B に 0.10 が与えられると考える．同様に，ページ C からページ B に 0.04 が与えられ，その結果ページ B のページランクは 0.14 となる．このように，ページランクはそれをリンクしている他のページのページランクから再帰的に定義

されており，ウェブ全体の各ページのページランクは繰返し計算によって求めることができる．

ページランクの意味は次のようにも解釈できる．すなわち，ページランクは，ダンピングファクタ d の確率でハイパーリンクをランダムに選択してページを移動し，確率 $1-d$ でハイパーリンクと関係なくまったくランダムに任意のページに移動する場合の，各ページの滞在確率に相当している．全ウェブページのページランクの総和は 1 となる．

ページランクは Google の創業者であるブリン (S. Brin) とペイジ (L. Page) によって提案されたもので，Google の検索が高精度で一気に人気を得た原動力の一つであった．

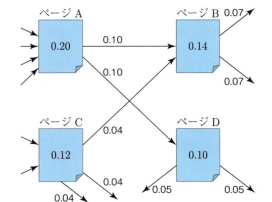

図 **8.3** ページランクの計算（$d=1$ の場合）

8.4.3 Learning to Rank

　ページランクは，クエリとは独立に考えることができるページの重要度であった．他にも，ページの重要度の尺度となり得るものとして，URL の深さ，リンク数，ページ単位ではなくサイト単位のランク，（サーチエンジン運営者であれば入手できる）検索結果でのクリック数やページでの滞在時間など，様々な手がかりを考えることができる．

　一方，ベクトル空間モデルに代表されるクエリと文書の関連度についても，クエリとページタイトルとのマッチングや，TF-IDF の計算方法の種々のバリエーションが考えられる．現在の商用サーチエンジンでは，ページ重要度とクエリ・ページ関連度を合わせて 100 を超える手がかりが用いられている．

　このような多数の手がかりを一つのランキング尺度とするために，他の様々な自然言語処理タスクと同様に，手がかりを重み付きで線形結合する方式が用いられており，機械学習によってその重みが学習される．このようにウェブ検索のランキングを機械学習の枠組みで行う手法は **Learning to Rank** とよばれ，商用サーチエンジンなどで一般的に用いられている．

　機械学習のための教師データとしては，人手で作成された多数のクエリに対する正解（ランキング）データや，検索結果に対してユーザがどのページへのリンクをクリックしたかというログのデータが用いられる．前者について Microsoft によって構築されたデータがウェブ上に公開されている[†]．

演 習 問 題

8.1　適合率，再現率，F 値の計算を，本章の例とは異なるもので具体的に行ってみよう．

8.2　Google のページランクの値は，ウェブ上のフリーサービスやブラウザの拡張機能などで調べることができる．実際に，自分がよく閲覧するページがどのようなページランクの値を持っているかを調べてみよう．

[†] http://research.microsoft.com/en-us/projects/mslr/

第9章

トピックモデル

　トピックモデルとは文書がどのようなトピック（話題）について書かれているかを推定するモデルである．本章では，まずトピックモデルの最も基本的なものである LSA と，それを拡張した PLSA を説明する．次に，準備としてベイズ統計の説明を行った後，PLSA をベイズ統計の枠組みで拡張した LDA について説明する．

9.1　LSA

　トピックモデルとは，文書集合が与えられたときに，各文書がどのようなトピック（話題）について書かれているかを推定するモデルである．このモデルの背後にあるのは同じトピックの文書には同じような単語が出現するということであり，それを手がかりにして潜在的なトピックを推定する．たとえば，「首相」や「会談」などの単語が出現する文書は政治に関するトピック，「野球」や「ボール」などの単語が出現する文書はスポーツに関するトピックなどと推定できる[†]．

　各文書のトピックが推定できると，同じトピックの文書をまとめれば文書をクラスタリングできるので，潜在的なトピックの推定と文書のクラスタリングは表裏一体である．また，同じトピックの文書に出現する単語をまとめることにより，各トピックに特徴的な単語を抽出することができる．

　潜在的トピック推定は，アンケートの自由記述や製品の口コミなど，文書集合をどういう観点から分類できるかわからない場合に特に有効である．その結果から新たな観点が発見されることもある．また，8.4節で紹介した調査型検索において，ランク下位の文書まで内容を調べていくのは時間のかかる作業となるが，検索結果に対して潜在的トピック推定を行い文書をクラスタリングすることによって，この作業を効率化することができる．

　8.2節で述べたとおり，文書とそこに出現する単語との関係は行列で表現することができる．図 9.1 の左上の行列 X は単語と文書の関係を示している．文書集合に出現する単語の種類数を M，文書数を N とすると，単語・文書行列 X は $M \times N$ のサイズであり，行列の各値は対応する文書における対応する単語の頻度となる．

　最も基本的な潜在的トピック推定法として，**LSA** (Latent Semantic Analysis) がある．LSA ではまず，単語・文書行列 X を 3 つの行列の積に分解する．X が正方行列の場合は固有値分解が行われるが，正方行列でなくても同じように

[†]ただし，政治，経済，スポーツなどとトピックの名前がつくわけではない．トピック 1 番，2 番などとなっており，人が見ればトピック 1 番に分類された文書は政治に関するものであるなどの判断ができる．

9.1 LSA

行列に分解することができ,これを**特異値分解** (singular value decomposition, SVD) とよぶ.特異値分解では行列 X を以下のように分解する.

$$X = U\Sigma V^{\mathrm{T}} \tag{9.1}$$

ここで,行列 U と V は直交行列 ($U^{\mathrm{T}}U = I$, $V^{\mathrm{T}}V = I$) であり,行列 Σ は対角行列で,特異値とよばれる値が左上から大きい順に並んでいる.各行列の大きさは,U は $M \times M$,Σ は $M \times N$,V は $N \times N$ である.

行列 Σ において,値の大きいものから特異値を K 個取り出したものを Σ' とする.図 9.1 の例では K を 2 としている.Σ' のサイズに対応するように行列 U, V の一部を取り出したものを U', V' とする.このように作った U', Σ', V' をかけ算したものを X' とすると,X' は X を近似したものとなっている.

$$X \approx X' = U'\Sigma'V'^{\mathrm{T}} \tag{9.2}$$

取り出した特異値の数 K はこの文書集合のトピック数とみなすことができ,

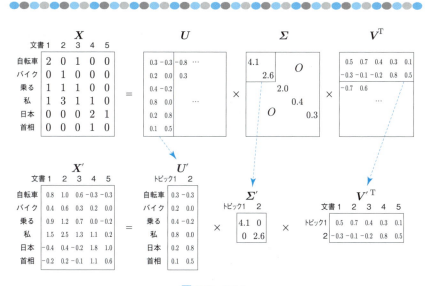

図 9.1 LSA

行列 Σ' における特異値は各トピックの重要度，行列 U' は各語が各トピックに属する度合い，行列 V' は各文書が各トピックに属する度合いを表していると解釈できる．図 9.1 の行列 V' において文書 1, 2, 3 はトピック 1，文書 4, 5 はトピック 2 への帰属が大きく，また，行列 U' において単語「自転車」「バイク」「乗る」「私」はトピック 1，単語「日本」「首相」はトピック 2 への帰属が大きいことがわかる．このように潜在的なトピックを解析することにより，文書のクラスタリングならびに単語のクラスタリングを行うことができる．

このような考え方はもともと情報検索の分野で考案されたものである．情報検索では，同義語による検索漏れの問題がある．図 9.1 の左上の単語・文書行列 X において，たとえばクエリが「バイク」の場合，その同義語である「自転車」が使われている文書 1 や文書 3 を検索することができない．LSA を用いて得られた行列 X' においては，頻度が密に表現され，文書 1 の「バイク」の頻度は 0.4 に相当している．これは，この文書集合において「自転車」「バイク」と共起する語がどちらも「乗る」「私」であることから，（この例は小さなサンプルではあるが）「自転車」と「バイク」の同義性が捉えられており，文書 1 にも「バイク」が潜在的に存在するとみなされていることを示している．このように LSA を用いることにより，同義語による検索漏れの問題に対処することができる．LSA を使って文書をインデキシングすることは LSI (latent semantic indexing) とよばれる．

LSA の欠点として以下のことが指摘されている．

(1) 行列 U, V が負の値をとり，単語・文書のトピックに属する度合いが負ということの解釈が難しい．
(2) 行列 U, V が直交行列という制約があるため，行列の各値の自由度が制限される．

9.2 PLSA

PLSA (probabilistic latent semantic analysis) は，先に挙げた LSA の欠点を解消するために提案された[†]．確率的 (probabilistic) な LSA という名前であるが，まずは LSA とは独立に文書の生成モデルとして説明を行い，最後にLSA と PLSA の関係を述べる．文書の生成モデルとは，ある確率モデルを仮定し，そのモデルにしたがって文書が生成されると考えることをいう．

9.2.1 文書生成モデル

PLSA において文書が生成される様子を図 9.2 に示す．この例ではトピック数を 2 としている．各文書は基本的にはある 1 つのトピックについて記述され

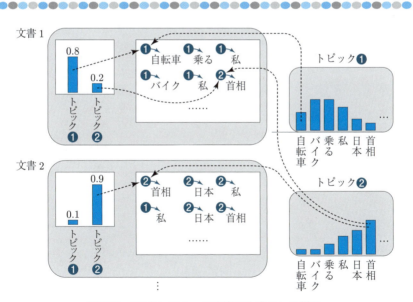

図 9.2 PLSA において文書が生成される様子

[†]LSA と同様に，PLSA を使って文書をインデキシングすることは PLSI (probabilistic latent semantic indexing) とよばれる．

るが，たとえばスポーツに関する文書に政治に関する記述が含まれることがある．そこで PLSA では各文書は複数のトピックが混合されていると仮定する．たとえば図 9.2 の文書 1 はトピック❶と❷が 0.8 と 0.2，文書 2 はトピック❶と❷が 0.1 と 0.9 の比で混合されている（図 9.2 の左）．そして，各トピックは異なる単語分布を持っているとする（図 9.2 の右）．

ここでは，文書の生成過程をサイコロを使って説明する．各文書はトピックを生成するサイコロ（以下，トピック生成用サイコロとよぶ）を持っており，面の数はトピック数 K とし，各面の出る確率は文書ごとに異なる．例えば，文書 1 のサイコロはトピック❶，❷がそれぞれ確率 0.8, 0.2 で出る．また，各トピックは単語を生成するサイコロ（以下，単語生成用サイコロとよぶ）を持っており，面の数は語彙数 V とする．

各文書のトピック分布と各トピックの単語分布を仮定した状態から，各文書を確率的に生成する．各文書は単語の集合からなり，各単語の位置にトピックが割り当てられており，割り当てられたトピックから単語が生成されると考える．これを上記で定義したサイコロを使って説明すると，各単語の位置においてトピック生成用サイコロをふり，出た目をそのトピックとする．そして出た目のトピックが持つ単語生成用サイコロをふり，出た目が観測されている単語であると考える．このようにサイコロをふる操作を繰り返すことにより，文書集合が生成されると考える．

以下では文書集合の生成確率を考える．まず，文書 d_i において k 番目のトピック z_k から単語 w_j が生成される確率を $p(d_i, z_k, w_j)$ と表す[†]．$p(d_i, z_k, w_j)$ は以下のように変形することができる．

$$
\begin{aligned}
p(d_i, z_k, w_j) &= p(d_i) p(z_k, w_j | d_i) \\
&= p(d_i) p(w_j | z_k, d_i) p(z_k | d_i) \quad (9.3) \\
&\approx p(d_i) p(w_j | z_k) p(z_k | d_i) \quad (9.4)
\end{aligned}
$$

式 (9.3) から式 (9.4) は，z_k が与えられたもとでは w_j と d_i は独立と仮定することで $p(w_j | z_k, d_i) \approx p(w_j | z_k)$ と近似している．式 (9.4) は文書 d_i の生成確率

[†] 文書 d_i と単語 w_j を同時に生成するというのがわかりにくいが，ここでの文書 d_i は単語集合を収納する箱くらいに考え，箱 d_i と単語 w_j を同時に生成する．

9.2 PLSA

$p(d_i)$, トピック z_k から単語 w_j を生成する確率 $p(w_j|z_k)$, 文書 d_i がトピック z_k に属する確率 $p(z_k|d_i)$ からなり, $p(w_j|z_k)$ と $p(z_k|d_i)$ はそれぞれ図 9.2 の右と左に相当する.

次に, 文書 d_i の単語 w_j が生成される確率 $p(d_i, w_j)$ を求める. ここで, 単語 w_j のトピックを z とおく. z は 1 から K までの値をとる変数で, 観測されないので**潜在変数**とよばれる. z は観測されておらずわからないので, 上記で定義した確率をすべてのトピックにわたって足し, $p(d_i, w_j)$ は以下のようになる.

$$p(d_i, w_j) = \sum_{k=1}^{K} p(d_i, z_k, w_j) \approx p(d_i) \sum_{k=1}^{K} p(w_j|z_k) p(z_k|d_i) \quad (9.5)$$

さらに, 文書集合の生成確率は $p(d_i, w_j)$ を用いて以下のように表せる.

$$\prod_{i=1}^{D} \prod_{j=1}^{N_{d_i}} p(d_i, w_j)^{n(d_i, w_j)} \quad (9.6)$$

ここで, D は文書数, N_{d_i} は文書 d_i の単語種類数, $n(d_i, w_j)$ は文書 d_i における単語 w_j の頻度を表す.

ここまで文書の生成モデルを数式で説明してきたが, 生成モデルは変数間の依存関係を図示した**グラフィカルモデル**で記述されることがある. PLSA のグラフィカルモデルを図 9.3(a) に示す. ここで青丸は観測されているものを, 白丸は観測されていないものを表す. PLSA では文書と単語は観測されているので青丸で表され, 各単語のトピック割当ては観測されていないので白丸で表さ

図 9.3　PLSA のグラフィカルモデル (a) と生成過程 (b)

れる．四角の箱はその右下に書かれた回数分だけ同じ操作を繰り返すことを示している．

また，生成モデルは**生成過程**でも記述される．生成過程の記述で用いられる"$y \sim x$"という表記は「y が分布 x から生成される」ことを示す．サイコロで説明すると，分布 x を表すサイコロがありそのサイコロをふって y という面が出たということを示す．PLSA の生成過程を図 9.3(b) に示す．各文書について，まず，文書 d を $p(d)$ の分布にしたがって確率的に生成する．そして文書内の各単語について，トピック z を分布 $p(z|d)$ から生成した後，単語 w を分布 $p(w|z)$ から生成する．ここまで説明してきた数式 (9.5) と，グラフィカルモデル，生成過程の対応関係を確認されたい．

9.2.2 パラメータ推定

式 (9.5) には 3 種類の確率が含まれている．これらの確率はモデルを特徴付けるものであり，**パラメータ**とよばれる．このうち $p(d_i)$ は文書の生成確率を定義する上では必要であるが，値はさほど重要ではない．パラメータ $p(z_k|d_i)$ と $p(w_j|z_k)$ の値（各種サイコロの目の出る確率に相当する）が求まれば各文書のトピック分布ならびに各トピックの単語分布を知ることができる．

PLSA では観測された文書集合が生成される尤もらしさが高くなるようなパラメータを求める．もし，各単語に割り当てられているトピック z が観測されていれば，簡単にパラメータの値を求めることができる（次節の最尤推定の節参照）．たとえば，文書 1 に 10 単語あり，トピック❶，❷に割り当てられている単語がそれぞれ 8 個，2 個であれば，文書 1 のトピック分布はトピック❶が 0.8，トピック❷が 0.2 と求められる．同様に，各トピックの単語分布も求められる．しかしながら各単語に割り当てられているトピックは観測されない．

そこで，パラメータの値をランダムに決めた状態からスタートし，まず，各単語に割り当てられているトピック（潜在変数 z の値）を確率的に推定する．たとえば図 9.2 の文書 1 の単語「自転車」について，現在のパラメータの値からトピック❶が 0.7，トピック❷が 0.3 のように推定する．この推定を文書集合内の全単語について行う．そして，確率的に推定された各単語のトピックの値を利用し，パラメータの値を更新する．たとえば先の文書 1 の単語「自転車」についてはトピック❶，❷にそれぞれ 0.7 回，0.3 回割り当てられたものとみなして，

パラメータの値を計算する．この 2 つのステップを繰り返すことによってパラメータの値を推定する．このような考え方は一般的なもので，**EM アルゴリズム** (expectation-maximization algorithm) とよばれる．このように EM アルゴリズムでパラメータを求めることにより，各文書のトピック分布と各トピックの単語分布を得ることができる．

9.2.3　LSA との関係

式 (9.5) の $p(z_k|d_i)$ にベイズの定理を適用すると，以下のように変形できる．

$$\begin{aligned}
p(d_i, w_j) &\approx p(d_i) \sum_{k=1}^{K} p(w_j|z_k) p(z_k|d_i) \\
&= p(d_i) \sum_{k=1}^{K} p(w_j|z_k) \frac{p(d_i|z_k) p(z_k)}{p(d_i)} \\
&= \sum_{k=1}^{K} p(w_j|z_k) p(d_i|z_k) p(z_k)
\end{aligned} \tag{9.7}$$

式 (9.7) と以下に再掲する前節の LSA の式 (9.2) を比べると，

$$\boldsymbol{X} \approx \boldsymbol{X}' = \boldsymbol{U}' \boldsymbol{\Sigma}' \boldsymbol{V}'^{\mathrm{T}} \tag{9.2 再掲}$$

PLSA のパラメータは次のように LSA の各行列に対応することがわかる（図 **9.1** も参照のこと）．

$$\begin{aligned}
p(w_j|z_k) &\to \boldsymbol{U}' \text{ 行列} \\
p(z_k) &\to \boldsymbol{\Sigma}' \text{ 行列} \\
p(d_i|z_k) &\to \boldsymbol{V}'^{\mathrm{T}} \text{ 行列}
\end{aligned}$$

PLSA でトピック数 K を決めることは，LSA で特異値を K 個取り出すことに対応する．前節で LSA の欠点を 2 つ挙げたが，PLSA ではそれらが解決されている．1 つ目の欠点に対しては，各値は確率として定義されているため負の値をとらず，解釈が明確になる．2 つ目の欠点に対しては，各値が確率であることから生じる制約（$\sum_j p(w_j|z_k) = 1, \sum_k p(z_k) = 1, \sum_i p(d_i|z_k) = 1$）はあるが，それ以外の制約はない．

PLSA では各パラメータに対してある 1 つの値を推定した．これに対して 1 つの値ではなく分布を考えることによりパラメータ推定を頑健にする枠組みをベイズ統計とよぶ．PLSA をベイズ統計の考え方で拡張するための準備として，次節でベイズ統計の説明を行う．

9.3 ベイズ統計

9.3.1 最尤推定・MAP 推定・ベイズ推定

機械学習において，観測されたデータ集合 D からパラメータ Θ を推定することが様々な場面で行われる．パラメータ Θ が求められれば，未知のデータ d がどれくらい生じるかという予測確率 $p(d|D)$ を計算することができる．たとえば，文書集合 D が観測されたときに，各単語の生起確率の集合をパラメータ Θ とし，$p(の) = 0.03$, $p(京都) = 0.001$ などを推定する．パラメータが推定できれば未知の文書 d がどれくらいの確率で生じるかを計算することができる．

データ集合からのパラメータの推定方法と予測確率の計算方法は大きく分けて 3 つあり，順に説明する．

■ 最尤推定

観測されたデータ D が生じる尤もらしさを**尤度**とよぶ．尤度 $p(D|\Theta)$ が最大となるようにパラメータ Θ を求める方法を**最尤推定** (maximum likelihood estimation, MLE) という．推定されたパラメータを $\widehat{\Theta}$ と書くと以下の式で与えられる．

$$\widehat{\Theta} = \arg\max_{\Theta} p(D|\Theta) \tag{9.8}$$

コインの例を考える．あるコインの表が出る確率は 0.5 ではなく，θ で与えられるとする．表が出る確率と裏が出る確率は足して 1 なので，表が出る確率 θ のみが推定できればよく，この場合のパラメータ Θ は θ のみとなる．これを観測データから推定する．たとえば，コインを 5 回投げて，表が 3 回，裏が 2 回出たという観測が得られたとする．すると，$p(D|\theta) = {}_5C_3 \theta^3 (1-\theta)^2$ となるので，これを最大とする $\widehat{\theta}$ は 3/5 と求められる（結局，表の回数をすべての回数で割った値になる）．

パラメータ Θ が計算できたので，未知のデータ d の予測確率 $p(d|D)$ を求める．最尤推定の場合，推定されたパラメータ $\widehat{\Theta}$ を用いて，$p(d|D) = p(d|\widehat{\Theta})$ と計算される．コインの例の場合，次にコインを1回投げたときに表が出る予測確率 $p(d = 表 |D)$ は 3/5 となる．

前節の PLSA のパラメータ推定は潜在変数を含むので EM アルゴリズムを用いるが，最尤推定を行っていることに相当する．

最尤推定の問題の一つにゼロ頻度問題がある．コインを 5 回投げて表が 0 回，裏が 5 回出たという観測があると，$\widehat{\theta}$ を 0 と推定してしまい，今後，表は出ないと予測することになってしまう．

■ MAP 推定

パラメータ Θ になんらかの予備知識を与えたい場合は **MAP 推定**（最大事後確率推定, maximum a posteriori estimation）を用いる．先ほどのコインの例では，表の出る確率 θ は 0.5 に近いのではないかという予備知識が考えられる．

MAP 推定では，予備知識としてパラメータ Θ の事前分布 $p(\Theta)$ を与え，D を観測した上での Θ の事後分布 $p(\Theta|D)$ を求め，この値を最大とするパラメータ Θ を求める[†]．

$$\widehat{\Theta} = \arg\max_{\Theta} p(\Theta|D) = \arg\max_{\Theta} p(\Theta)p(D|\Theta) \qquad (9.9)$$

この右辺は事前分布と尤度のかけ算になっており，両者を統合してパラメータが選ばれる．

コインの例では，事前分布 $p(\theta)$ として図 **9.4** の点線で示す平均 0.5 の分布を考えることができる[††]．そして，「コインを 5 回投げて表が 0 回，裏が 5 回出た」という観測をすると，$p(\theta|D)$ は中心が左にずれた分布になる．最尤推定では $\widehat{\theta}$ を 0 と推定していたが，MAP 推定では 0.22 となり，観測では表が 1 度も出なかったとしても，今後表が出る可能性があることとなる．

MAP 推定における未知のデータ d の予測確率 $p(d|D)$ は，最尤推定と同様に，$p(d|D) = p(d|\widehat{\Theta})$ となる．

[†] 事前分布および事後分布は確率密度関数で与えられる．確率変数 X が a 以上 b 以下となる確率が $P(a \leq X \leq b) = \int_a^b f(x)dx$ で与えられるとき，$f(x)$ を確率密度関数という．
[††] ここでは事前分布をベータ分布とよばれる分布で与えているが，その詳細は省略する．

■ベイズ推定

パラメータとして $p(\Theta|D)$ を最大とする 1 つの値を求めるのではなく，パラメータを事後分布 $p(\Theta|D)$ そのものとする方法を**ベイズ推定** (Bayesian inference) とよぶ．予測確率はあらゆる Θ の可能性を $p(\Theta|D)$ の重み付きで考慮し，以下のように計算する．

$$p(d|D) = \int_\Theta p(d|\Theta)p(\Theta|D)d\Theta \tag{9.10}$$

先ほどのコインの例では予測確率 $p(d = 表|D)$ は 0.27 となり，図 **9.4** の $p(\theta|D)$ の分布において最大値 $\theta = 0.22$ の右側の面積の方が大きいことが反映されている．ベイズ推定ではあらゆる Θ の可能性が考慮されるので，より頑健な推定を行うことができる．

9.3.2 多項分布とディリクレ分布

9.2 節でトピックまたは単語を生成するサイコロを導入した．ここでもコインに代わり K 面のサイコロを考える．このサイコロを n 回ふり，k 面がそれぞれ x_k 回出たという観測 $D = (x_1, \cdots, x_k, \cdots, x_K)$ が得られたとする．このとき，k 面が出る確率を θ_k とおき，パラメータ全体を $\Theta = (\theta_1, \cdots, \theta_K)$ で表すと，尤度 $p(D|\Theta)$ は以下で与えられる．

$$p(D|\Theta) = \frac{n!}{\prod_{k=1}^K x_k!} \prod_{k=1}^K \theta_k^{x_k} \tag{9.11}$$

この分布は**多項分布**とよばれるものである．

尤度が多項分布で与えられるときには数学的な取扱いの容易さから事前分布に**ディリクレ分布** (Dirichlet distribution) が用いられる．ディリクレ分布とは，K 個の実数値 $\Theta = (\theta_1, \cdots, \theta_K)$ $(0 \leq \theta_k \leq 1, \sum_{k=1}^K \theta_k = 1)$ に対して確率を与える分布で，$K = 3$ の場合，たとえば $\Theta = (0.6, 0.3, 0.1)$ に確率 0.01 を与える．これは，1, 2, 3 の目が出る確率がそれぞれ 0.6, 0.3, 0.1 であるようなサイコロである確率が 0.01 であることを意味する．

ディリクレ分布は以下のように定義される．

$$p(\Theta|\alpha) \propto \prod_{k=1}^K \theta_k^{\alpha_k - 1} \tag{9.12}$$

ここで，$\alpha = (\alpha_1, \cdots, \alpha_K)$ は任意の値に設定できるが，すべて同じ値にする場合が多い[†]．図 9.5 に $K = 3$ のディリクレ分布の例を示す．この図において，三角形の上の頂点が $p(1, 0, 0)$，左下の頂点が $p(0, 1, 0)$，右下の頂点が $p(0, 0, 1)$ を表し，点の分布が密集している部分の確率値が大きいことを表す．α_k がすべて同じで 1 より小さい場合，点は各頂点の近くに分布し，α_k がすべて同じで 1 より大きい場合，三角形の中心付近に分布する．また，α_k が異なる場合，α_k が大きい頂点の近くに点が分布する．

尤度が式 (9.11) の多項分布で与えられ，事前分布に式 (9.12) のディリクレ分布を用いた場合，事後分布は以下のようになる．

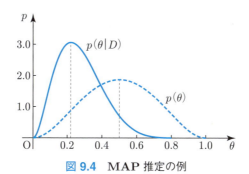

図 9.4 MAP 推定の例

(a) $\alpha = (0.1, 0.1, 0.1)$ (b) $\alpha = (5.0, 5.0, 5.0)$ (c) $\alpha = (2.0, 5.0, 15.0)$

図 9.5 ディリクレ分布

[†] 今，パラメータ Θ の事前分布としてディリクレ分布を考えており，α はその事前分布を決定するパラメータであることから**ハイパーパラメータ** (hyperparameter) とよばれる．

$$p(\Theta|D) \propto p(D|\Theta)P(\Theta) \propto \prod_{k=1}^{K} \theta_k^{x_k} \prod_{k=1}^{K} \theta_k^{\alpha_k-1} = \prod_{k=1}^{K} \theta_k^{\alpha_k+x_k-1} \qquad (9.13)$$

この式と事前分布の式 (9.12) を比べると，この式は式 (9.12) において α_k を α_k+x_k に置きかえたものとなっている．このように尤度と同じ形の関数を事前分布として選ぶと，事後分布が容易に計算できる．この性質を**共役性** (conjugacy) とよぶ．

9.4 LDA

トピックモデルの説明に戻ろう．PLSA は尤度が最大となるようなパラメータ1点を推定していた．これに対して **LDA** (latent Dirichlet allocation) ではまずパラメータに事前分布を考え，データの観測に基づきパラメータの事後分布をベイズ推定することにより，テキスト集合の潜在トピックをより正確に求めることができる．

9.4.1 文書生成モデル

LDA のグラフィカルモデルを図 9.6 に示す．以下ではトピック数を3とし，政治，経済，スポーツからなるとする[†]．PLSA と同様に LDA でもトピック生成用と単語生成用の2種類のサイコロが使われ，それぞれ図の上部と下部に対応する．

図 9.6 の上部では，まず，単語分布の事前分布（ディリクレ分布）のハイパーパラメータ β を決める．このディリクレ分布の次元数は語彙数 V で，β は $(0.1, 0.1, \cdots, 0.1)$ のような値に決める．そこから，トピックごとに単語分布 ϕ を生成する．たとえば，トピック「政治」の単語分布が $(0.01, 0.003, \cdots)$ となったとすると，1番目の単語の生成確率が 0.01，2番目の単語の生成確率が 0.003 となることを示す．これは単語生成用サイコロの目の出る確率に相当する．

図 9.6 の下部では，まず，トピック分布の事前分布（ディリクレ分布）のハイパーパラメータ α を決める．このディリクレ分布の次元数はトピック数で，

[†]本章の冒頭で述べたとおり，実際には「政治」などのラベルがついているわけではない．

9.4 LDA

トピック数 K が3の場合, α は $(0.1, 0.1, 0.1)$ のような値に決める. 各文書の生成では, まず, 文書のトピック分布 θ をディリクレ分布から生成する. たとえば, θ として $(0.6, 0.3, 0.1)$ が生成されたのであれば, この文書のトピックが政治 0.6, 経済 0.3, スポーツ 0.1 の割合で混合されていることを示す. これはトピック生成用サイコロの目の出る確率に相当する. 次に, 文書内の各単語を生成するために, このトピック生成用サイコロをふって各単語位置におけるトピック割当て z を決める. そして, z の値に対応する ϕ をパラメータとした単語分布(すなわち, 単語生成用サイコロ)で単語 w を生成する. この操作を N_d 回繰り返して, 文書 d を生成する.

LDA の生成過程を式で書くと, 全文書中の全単語 $\boldsymbol{w}$, それぞれの単語に対するトピック割当て $\boldsymbol{z}$, 各文書のトピック分布を集めた $\boldsymbol{\theta}$, 各トピックの単語分布を集めた $\boldsymbol{\phi}$ の同時確率は以下のように表される.

$$p(\boldsymbol{w}, \boldsymbol{z}, \boldsymbol{\theta}, \boldsymbol{\phi} | \alpha, \beta) = \prod_{k=1}^{K} p(\phi_k | \beta) \prod_{i=1}^{D} \left(p(\theta_i | \alpha) \prod_{n=1}^{N_d} p(z_n | \theta_i) p(w_n | \phi_{z_n}) \right) \tag{9.14}$$

これまで説明した文書生成過程とこの式が左から右に順に対応していることを確認されたい.

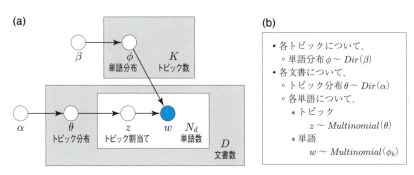

図 9.6 LDA のグラフィカルモデル (a) と生成過程 (b). (Dir, $Multinomial$ はそれぞれディリクレ分布, 多項分布を示す.)

9.4.2 パラメータ推定

求めたいものはパラメータの事後分布，すなわち，全文書中の全単語 w を観測した上での各文書のトピック分布を集めた $\boldsymbol{\theta}$, 各トピックの単語分布を集めた $\boldsymbol{\phi}$ の事後分布である．しかし，これらは解析的には求めることはできない．そこで，それぞれの単語に対するトピック割当て z を近似的に求め[†]，それを集約することによって，$\boldsymbol{\theta}$ と $\boldsymbol{\phi}$ の事後分布の近似を得る．

z を近似的に求めるには**ギブスサンプリング** (Gibbs sampling) とよばれる方法が用いられる．簡単にいうと，すべての単語にランダムなトピックを割り当てた状態から始め，順次，各単語に割り当てられているトピックを一度忘れ，全体のトピックの割当て具合から確率的に再度トピックを割り当てる．これを十分な回数繰り返すことにより各単語に割り当てられたトピックのサンプルを得る．最終的に，得られたトピック割当て z を集約することによって，各文書でのトピック分布 $\boldsymbol{\theta}$ と，各トピックでの単語分布 $\boldsymbol{\phi}$ が得られる．

[†] z は式 (9.14) で導入した $w, z, \boldsymbol{\theta}, \boldsymbol{\phi}$ の同時確率をもとにして以下で与えられるが，この分布も解析的には求めることができない．

$$p(z|w,\alpha,\beta) = \frac{p(w,z|\alpha,\beta)}{p(w|\alpha,\beta)} = \frac{\int_{\boldsymbol{\phi}} \int_{\boldsymbol{\theta}} p(w,z,\boldsymbol{\theta},\boldsymbol{\phi}|\alpha,\beta) d\boldsymbol{\theta} d\boldsymbol{\phi}}{\int_{\boldsymbol{\phi}} \int_{\boldsymbol{\theta}} \sum_z p(w,z,\boldsymbol{\theta},\boldsymbol{\phi}|\alpha,\beta) d\boldsymbol{\theta} d\boldsymbol{\phi}}$$

9.4.3 PLSA との関係

図 9.3 に示した PLSA と図 9.6 に示した LDA を比較すると，それらの違いは以下のようにまとめられる．

- PLSA では z を確率的に推定し，各パラメータ（トピック分布と単語分布）の 1 点を最尤推定するのに対し，LDA では各パラメータに事前分布（ディリクレ分布）を考え，z を近似的に推定し，それを集約することによってパラメータをベイズ推定する．このことにより，テキスト集合の潜在トピックをより正確に求めることができる．
- PLSA では文書と単語が観測されていると考え（図 9.3 の 2 つの青丸），各文書のトピック分布を推定する．そのため，未知の文書を扱う場合は文書集合にその新たな文書を追加し，再度 PLSA のパラメータ推定を行わなければならないという欠点があった．LDA では文書は観測されておらず，単語のみが観測されていると考え（図 9.6 の 1 つの青丸），各文書のトピック分布はディリクレ分布で生成される．したがって文書集合における文書と同様の過程で未知の文書も生成することができ，PLSA の欠点が解消されている．

ウェブ 5,000 文書（各文書の冒頭 3 文ずつ）[†] に対して LDA を適用した結果を表 9.1 に示す[††]．まず，各文書から自立語を抽出し，文書を単語集合で表現した．そして，トピック数を 10 として LDA を適用した．表 9.1 には，例としてトピック 3 とトピック 9 への帰属が大きいウェブページの例と，特徴的な語（ϕ の値が高い語）を示している．トピック 3 には「病気」に関するページ，トピック 9 には「観光」に関するページが属していることがわかる．このように LDA を適用することによって，文書集合をクラスタリングすることができる．なお，LDA を適用する際にはトピック数を経験的に決定する，もしくは，いくつかの値を試す必要がある．LDA はもともとテキストに対するトピックモデルとして提案されたものであるが，ユーザの購買行動の解析や画像解析など，様々な分野でその利用が広がっている．

[†]京都大学ウェブ文書リードコーパス. http://nlp.ist.i.kyoto-u.ac.jp/index.php?KWDLC
[††]パッケージ plda を用いた. http://code.google.com/p/plda/

演習問題

9.1 式 (9.5) を用いて，図 9.2 の文書 1 の単語「自転車」の生成確率 $p(d_1, 自転車)$ を計算してみよう．ただし，文書数 $D = 10$ として $p(d_i) = 1/D$ で与えられ，また，$p(自転車|z_1) = 0.005$，$p(自転車|z_2) = 0.001$ とする．

9.2 9.3.1 項の最尤推定のコインの例において，$p(D|\theta) = {}_5C_3 \theta^3 (1-\theta)^2$ を最大とする $\hat{\theta}$ が 3/5 となることを確認してみよう．

9.3 文書集合に対して LDA を適用し，結果を考察してみよう．

表 9.1 ウェブ 5,000 文書に対する LDA 適用結果

トピック 3

ウェブページ例	特徴語
いびきに悩んでいる人や，悩ませる人が多くいます．では，いびきとは何でしょうか．いびきと言うのは，睡眠時の呼吸によって起こる雑音の事です．	人, 言う, ため, よる, 生活, 治療, できる, 女性, 問題, 私, 多い, 健康だ, 医療, 思う, 方, つく, …
今では「大人ニキビ」と呼ばれるニキビに，多くの大人の方が悩まれています．大人ニキビはとても複雑で，原因が 1 つではないことも多くあります．食生活，睡眠不足などの生活習慣，ストレスなども原因になります．	
……	

トピック 9

ウェブページ例	特徴語
米子タウンホテルは米子駅の真正面にございます．駐車場も完備しており，ビジネスに観光に大変便利な立地のホテルです．米子にお越しの際はぜひご利用下さい．	店, 料理, 駅, ホテル, 食べる, 楽しむ, 部屋, くださる, 観光, 線, 味, 場, 中, いただける, メニュー, …
伝統があります，華やかさがあります．ふくよかな『なだ万』の味をご賞味下さいませ．なだ万グランドハイアット福岡店は，日本料理の老舗なだ万が九州で展開する唯一の店舗です．	
……	

第10章

機械翻訳

ウェブの出現やグローバル化の進展にともない機械翻訳への期待がますます高まっている．近年の，コーパスに基づく機械翻訳の進展，それを支える統計モデルと評価尺度について解説する．

第 10 章 機械翻訳

10.1 はじめに

ある言語（原言語，source language）から別の言語（目的言語，target language）へのコンピュータ処理による翻訳を**機械翻訳** (machine translation) とよぶ．機械翻訳はコンピュータの発明とほぼ同時に着想され，その後，自然言語処理のキラーアプリケーションとしてその研究開発を牽引してきた．

近年，対訳コーパスを用いて翻訳を行うという方法の発達により，英語とフランス語のように類似した言語間であれば十分に解釈可能な翻訳が得られるようになった．ウェブ上の無料サービスを含め，人々にとっても身近なものとなりつつある．

10.1.1 機械翻訳の難しさ

言語は社会の慣習であり，その慣習は言語依存で，言語によって異なる部分が少なくない．機械翻訳の難しさは，言語間に存在する様々なずれが原因となっている．

> **語彙のずれ**：言語間の語句の対応は 1 対 1 ではない．原言語のある語が目的言語ではいくつかの語に対応し，文脈に応じて訳し分けが必要となることが少なくない．たとえば，英語の「put on」は，日本語では目的語によって「帽子を <u>かぶる</u>」「めがねを <u>かける</u>」「服を <u>着る</u>」「靴を <u>はく</u>」となる．また，一般には「飲む = drink」であるが，「スプーンでスープを <u>飲む</u>」の場合には「<u>eat</u> soup with a spoon」となる．
> **語順の違い**：言語によって語順が異なる．日本語は述語が文末で項の語順が比較的自由であるのに対して，英語は主語，動詞，目的語の順で固定的である．
> **構造のずれ**：単純な語順の違いは構文解析によって吸収できる．すなわち，語の依存関係をみれば同じ構造となる．しかし，構造がさらに異なる翻訳関係も少なくない．「<u>A</u> が <u>B</u> によって <u>C</u> になった」と「<u>B</u> makes A C」では主語が異なり，「彼女は髪が <u>長い</u>」と「She <u>has</u> a long hair」では文の主辞が異なる．
> **明示する表現の違い**：言語によって明示する表現が異なる．たとえば，英

10.1 はじめに　　155

> 語では単数・複数を区別し，冠詞を用いるが，日本語ではこれらがないため，日本語から英語への翻訳で問題となる．逆に，日本語では「二枚」「三杯」など様々な助数辞 (counter) が使われるが，英語にはないので，英語から日本語への翻訳で問題となる．

10.1.2　機械翻訳の歴史

　機械翻訳の着想は，コンピュータの誕生後まもない 1947 年に，ウィーバー (W. Weaver) がブース (A.D. Booth) に送った手紙で，ロシア語から英語への翻訳研究を提案したことにはじまる．1980 年代には，日本やヨーロッパで機械翻訳のプロジェクトが行われたが，この頃のアプローチは，規則によって原言語文の構文を解析し，原言語から目的言語への構造的変換を行うもので，**構文トランスファー方式** (syntactic transfer) とよばれるものであった．しかし，前項で述べたような言語間の様々なずれを人手の規則によって扱うことは難しく，高い精度の翻訳を実現することは困難であった．

　そのような中で，1981 年に長尾が**アナロジーに基づく翻訳** (translation by analogy) を提唱した．これは，それまでとはまったく異なる考え方で，過去の翻訳用例を用いて，それらを組み合わせることで新たな翻訳文を作り出すというものであった．今日ではこの方式は**用例に基づく翻訳**または**用例翻訳** (example-based machine translation, EBMT) とよばれる．

　一方，IBM の研究グループが 1980 年代後半から統計的な考え方に基づく**統計的機械翻訳**または**統計翻訳** (statistical machine translation, SMT) の研究を開始し，1991 年に代表的な論文を発表した．大量の対訳文データを用いて，語の対応や語順の並べ替えを統計的に学習し，それに基づいて翻訳を行うものであった．

　用例翻訳も統計翻訳も，大量の対訳データを用いるという点では一致しており，これらをあわせて**コーパスに基づく翻訳** (corpus-based machine translation) または**データに基づく翻訳** (data-driven machine translation) とよぶ．これらは，対訳データ中に表現された言語の間の対応をコンピュータが自動的に学習するもので，機械翻訳の障壁を一気に打ち破るものであった．提案当時には大規模な対訳データが存在しなかったが，その後，コンピュータ環境の劇的進展

やウェブの出現もあって大規模な対訳データが利用できるようになり，手法自体の進歩もあって，今日の機械翻訳の発展につながっている．

10.2 統計的機械翻訳

10.2.1 IBM モデル

ウィーバーはブースへ宛てた手紙の中で次のように述べ，翻訳のプロセスを暗号解読 (decode) としてとらえた．

> When I look at an article in Russian, I say: "This is really written in English, but it has been coded in some strange symbols. I will now proceed to decode."

1991 年に発表された IBM の統計的機械翻訳のモデルは，このウィーバーの考え方を数学的に定式化したものであった．

以下の説明では原言語を日本語，目的言語を英語，すなわち日本語から英語への翻訳を考える．統計翻訳では，与えられた原言語の文 j に対して，目的言語の様々な文 e の中から，j が e に翻訳される確率 $P(e|j)$ が最大となる $\hat{e}$ をその翻訳と考える．これは次の式で表現される．

$$\hat{e} = \arg\max_{e} P(e|j) = \arg\max_{e} \frac{P(j|e)P(e)}{P(j)}$$
$$= \arg\max_{e} P(j|e)P(e) \tag{10.1}$$

この式の最後の形は次のように解釈できる．ある確率 $P(e)$ で目的言語の文 e が生成され，それが雑音 $P(j|e)$ の影響を受け，我々が観測できるのは j となる．すなわち，観測される j からもとの e への暗号解読が翻訳となる．このようなモデルは**雑音のある通信路モデル** (noisy channel model) とよばれ，当時すでに音声認識などで広く用いられていた．

ここで $P(e)$ は言語モデルであり，目的言語の英語文 e の尤もらしさ（尤度）を計算するモデルである (2.4 節)．一方，$P(j|e)$ は**翻訳モデル** (translation model) とよばれ，英語文 e が日本語文 j に翻訳される確率を示す．はじめに考えたのは $P(e|j)$ であったが，これだけで $\hat{e}$ を求めるにはこのモデルが単独

で非常に高い精度である必要がある．一方，$P(e)$ と $P(j|e)$ で $\hat{e}$ を求めることにすれば，2つのモデルが助け合うことができる．これは音声認識や品詞タグ付け（2.5節）においても共通する考え方である．

問題となるのは，$P(j|e)$ をどのようにモデル化するかという点で，言語モデ

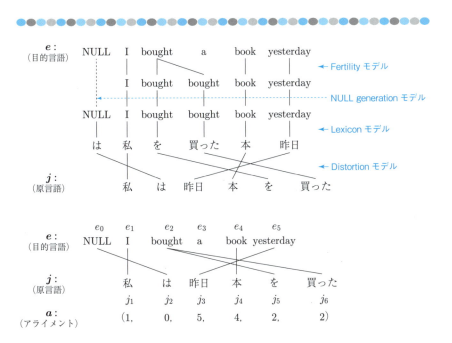

$$P(\boldsymbol{a},\boldsymbol{j}|\boldsymbol{e}) = P_n(1|\text{I}) \times P_n(2|\text{bought}) \times P_n(0|\text{a}) \times P_n(1|\text{book}) \times P_n(1|\text{yesterday})$$
$$\times P_n(1|\text{NULL})$$
$$\times P_t(\text{は}|\text{NULL}) \times P_t(\text{私}|\text{I}) \times P_t(\text{を}|\text{bought}) \times P_t(\text{買った}|\text{bought})$$
$$\times P_t(\text{本}|\text{book}) \times P_t(\text{昨日}|\text{yesterday})$$
$$\times P_d(2|0,5,6) \times P_d(1|1,5,6) \times P_d(5|2,5,6) \times P_d(6|2,5,6) \times P_d(4|4,5,6)$$
$$\times P_d(3|5,5,6)$$

図 10.1 IBM モデル（IBM モデル 3 とよばれるモデルを，NULL から生成される語の扱いを簡単化して説明している）

ルの場合と同様，これを直接計算することはできない．そこで IBM モデルでは大胆な近似を行い，翻訳を図 10.1 上段に示す 4 つの過程に分解して考える．以降，英語文を $e = \{e_1, e_2, e_3, \cdots, e_l\}$，日本語文を $j = \{j_1, j_2, j_3, \cdots, j_m\}$ と表す．すなわち英語文の単語数は l，日本語文の単語数は m とする．

> **Fertility モデル**：英語の各単語 e_i が ϕ_i 個の日本語単語を生成すると考える．0 個，すなわち消滅する場合や，複数個の場合もある．この確率を $P_n(\phi_i|e_i)$ とする．
> **NULL generation モデル**：生成する文の長さをあわせるために，$e_0 =$ NULL という仮想的な語から ϕ_0 個の日本語単語を生成する．$\phi_0 = m - \sum_{i=1}^{l} \phi_i$ である．
> **Lexicon モデル**：翻訳は 1 対 1 の単語単位で考え，ある英単語 e_i がある日本語単語 j_k に翻訳される確率を $P_t(j_k|e_i)$ とする．
> **Distortion モデル**：翻訳における語順の並び替えを表現するモデル．長さ l の英語文の i 番目の単語が，長さ m の日本語文の k 番目の単語となる確率を $P_d(k|i, l, m)$ で表す．

図 10.1 上段の翻訳生成過程は，中段の単語の対応付けで表現できる．これを**単語アライメント** (word alignment) とよぶ．単語アライメントは，日本語（原言語）側の k 番目の語が英語（目的言語）側で i 番目の語に対応することを $a_k = i$ として配列 a で表現できる[†]．

翻訳の過程をこのように分解して考えると，図 10.1 の英語文 e が日本語文 j に，このアライメント a の形で翻訳される確率は，各モデルの確率の積として図の下段のように計算できる．

もし，大量の対訳コーパスについて，図 10.1 中段のような単語アラインメントが与えられていれば，モデルのパラメータ（各確率）は最尤推定で簡単に計算することができる．たとえば，対訳コーパス中に 'book' が 100 回出現し，そのうち 70 回が '本' にアライメントされていれば，Lexicon モデルの P_t(本|book) は 0.7 となる．他のモデルについても同様である．

[†] IBM モデルの単語アライメントには方向性があることに注意する必要がある．説明している例では，日本語の各単語は英語の 1 単語に対応し（NULL の場合もある），複数の単語に対応することはできない．逆に英語の単語は 'bought' のように複数の日本語単語に対応している．

10.2 統計的機械翻訳

しかし，統計翻訳では100万文規模の対訳文が必要であるため，そのような大量の文に人手で単語アライメントを与えることは非現実的である．統計翻訳のポイントは，対訳辞書などを用いずに対訳コーパスのみを用いて，単語アライメントとパラメータ推定を同時に自動的に行う点にある．それは以下で計算される対訳コーパスの尤度を最大化することを目標に，パラメータの自動調整を繰り返すことによって実現される．9.2節でも述べたとおり，このような考え方はEMアルゴリズムとよばれる．

$$\prod_{(j,e)\in 対訳コーパス} P(j|e) = \prod_{(j,e)\in 対訳コーパス} \sum_{a} P(a, j|e) \tag{10.2}$$

ここで，aに関する和をとっているのは，図 **10.1** 下段の翻訳確率はこのアライメント a のときの翻訳確率であり，他のアライメント，たとえば「は」が 'I' から生成されるアライメントも考えられることから，それらの和をとったものが翻訳確率 $P(j|e)$ となるからである．

IBMモデルはもともと翻訳を行うモデルであり，そこでえられる単語アライメントは副次的なものであった．その後，翻訳モデルについては次節以降で述べる様々な発展があるが，単語アライメントについては，現在もIBMモデルを利用することが一般的である．IBMモデルによる単語アライメントの実装として GIZA++ というソフトウェアが公開されている[†]．

10.2.2 句に基づく統計翻訳

IBMモデルは単語を個別に扱っているため，言語モデルで目的言語の文としての自然さを考慮するとはいえ，十分な精度の翻訳を行うことは困難であった．これに対して，単語ではなく句 (phrase) を単位として翻訳を行う**句に基づく統計翻訳** (phrase-based SMT) という方式が提案され，これによって統計翻訳の精度が大きく向上した．

ここでいう句とは，名詞句，動詞句などの文法的な句ではなく，単に単語の並びを意味する．句に基づく統計翻訳では，IBMモデルの単語アライメントを両方向で行い，その結果から句の対応とその確率を計算する．

ここでも日本語から英語への翻訳を考えると，図 **10.2** に示すように，まず

[†] http://www.statmt.org/moses/giza/GIZA++.html

IBM モデルによって英日,日英の単語アライメントを行い,対応の積(両方向で対応がついたもの)と排他的論理和(片方向のみで対応がついたもの)を求める(図 10.2(c)).そして,まず積の対応を採用し,それに隣接する排他的論理和の対応を採用して,最終的な単語対応を得る(図 10.2(d)).

この結果から単語対応と整合する句対応をすべて採用する(図 10.2(e)).ここで整合するとは,句対応を採用したとき,その外に単語対応する単語が残らないことを意味する.たとえば,図の例では,'bought a book yesterday ⇔ 昨日 本 を' という句対応は 'bought ⇔ 買う' の単語対応が外に残るので採用しない.

このようにして句対応が求まれば,句翻訳確率は次のように対訳コーパス中の対応関係から最尤推定で求めることができる.

$$P_t(\bar{j}|\bar{e}) = \frac{C(\bar{e},\bar{j})}{\sum_{\bar{j}_k} C(\bar{e},\bar{j}_k)} \tag{10.3}$$

ここで,$\bar{e}, \bar{j}$ はそれぞれ英語の句,日本語の句で,$C(\bar{e},\bar{j})$ はその対応の対訳コーパスにおける頻度である.

統計翻訳の精度が大きく向上したもう一つの要因として,$\hat{e}$ を式 (10.1) のように求めるのではなく,$P(e|j)$ を素性関数 $f_m(e,j)$ の重み付き和で表現する**対数線形モデル** (log-linear model) による手法が広まったことがある[†].

$$\begin{aligned}
\hat{e} &= \arg\max_{e} P(e|j) \\
&= \arg\max_{e} \frac{1}{Z} \exp \sum_m \lambda_m \times f_m(e,j) \\
&= \arg\max_{e} \sum_m \lambda_m \times f_m(e,j)
\end{aligned} \tag{10.4}$$

ここで,Z は $\sum_e P(e|j) = 1$,すなわち,すべての翻訳確率の和を 1 にするための正規化項であるが,$\hat{e}$ を求める際には除去できる.

式 (10.4) は,$f_1(e,j) = \log P(j|e)$, $f_2(e,j) = \log P(e)$ とすれば式 (10.1) と同様となるが,対数線形モデルでは,句の翻訳確率を含めて様々な手がかり

[†] この流れは系列解析の発展と同じである.式 (10.1),式 (10.4) を,2 章の式 (2.8),式 (2.14) と比較してほしい.

10.2 統計的機械翻訳

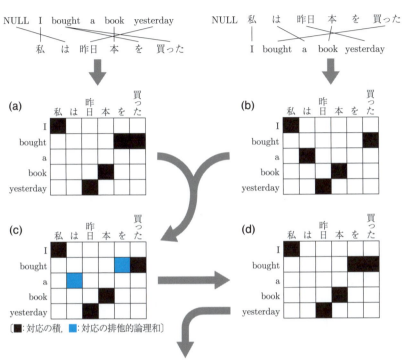

(e) I ⇔ 私, I ⇔ 私は, bought ⇔ を買った,
book ⇔ 本, yesterday ⇔ 昨日,
bought a ⇔ を買った, book yesterday ⇔ 昨日本,
a book yesterday ⇔ 昨日本,
a book yesterday ⇔ は昨日本,
bought a book ⇔ 本を買った,
bought a book yesterday ⇔ 昨日本を買った,
bought a book yesterday ⇔ は昨日本を買った,
I bought a book yesterday ⇔ 私は昨日本を買った

図 10.2 句対応の抽出

で素性関数を設計することができる．さらに，素性関数の重み λ_m の学習を，対訳コーパスの尤度最大化ではなく，後ほど説明する翻訳の自動評価尺度を用いて，翻訳の評価の値が最大となるように学習することも可能である．

統計翻訳におけるもう一つの重要な技術として，原言語文に対して確率値が最大となる目的言語文を探索するデコーディング (decoding) がある．句に基づく翻訳では，句を単位として，目的言語文を文頭から順に生成していく．

たとえば，これまでと同様の日本語文を入力とすれば，

'私 は ⇔ I',
'を 買った ⇔ bought',
'昨日 本 ⇔ a book yesterday'

の順に翻訳して "I bought a book yesterday" をえる．英語側は文頭から生成するが，使われる日本語の句はどの順でもよい．したがって，最初に '昨日 本 ⇔ a book yesterday' を使って 'a book yesterday' ではじまる文も生成でき，可能な翻訳文は膨大となる．そこで文頭からの翻訳の途中結果のスコアを随時計算し，枝刈りを行いながら探索を進める．

このようにデコーディングは非常に複雑な処理となるが，句に基づく翻訳を含めて，様々な統計翻訳の方式，デコーディングのソフトウェアがオープンソースとして公開されており，統計翻訳研究の進展を後押ししている[†]．

10.3 構文の利用

これまでに説明してきた統計翻訳の方式では，構文をまったく利用していない．それでは，日本語と英語のように語順や性質が大きく異なる言語間の翻訳には限界があり，構文を利用する方式がいろいろと研究されている．

一つの方法は，**構造に基づく統計翻訳** (syntax-based SMT) とよばれる方法である．まず単語アライメントを行った上で，一方または両方の文の構文解析を行い，単語の対応関係をその上にマップすることで構造を持った翻訳断片の対応を学習する．

[†] http://www.statmt.org/moses/

10.3 構文の利用

高い精度の構文解析器が存在する言語が限られているという問題もあり，状況に応じて一方の言語の構文解析を行うことが一般的である．たとえば，英文の製品マニュアルを様々な言語に翻訳するという状況では，原言語側の英文の構文解析のみを行い，目的言語側は構造は扱わずに単語列として扱う．

別の方法として，原言語の文が目的言語の文の構造に近づくように，事前に単語の並べ替えを行う**事前並び替え** (pre-ordering) の方法がある．この方式は，英日翻訳のように目的言語が日本語の場合に特に有効である．日本語の構造は主辞が後ろにくるという性質があるので，原言語の英語の構文解析を行い，主辞が後ろにくるように並び替えを行えばよい．並び替えを行った英語文から日本語文への翻訳は（語順の大きな違いがなくなっているので）句に基づく統計翻訳によってうまく扱うことができる．

一方，用例翻訳では，当初から構文を十分に活用することが考えられてきた．両言語の文の構文解析を行い，翻訳用例に対して大きさの制限を設けず，単語列として不連続な用例（依存構造としては連続）も利用して，できるだけ大きな用例を用いた翻訳を優先する（図 10.3）．用例翻訳は翻訳の過程の透明性が高く，たとえば人間の専門家による翻訳の支援（下訳としての利用）などにおいて特に有効であると考えられる．

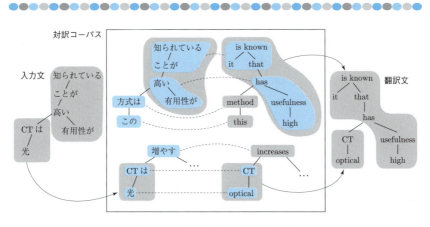

図 10.3 用例に基づく翻訳の例

10.4 ニューラルネットワークによる機械翻訳

6章で説明したニューラルネットワークは機械翻訳でも利用されており，特に注目されているのは，**encoder-decoder** モデルとよばれる手法である．これまで説明した機械翻訳手法ではアライメント，デコーディングというステップを踏んでいたが，この手法では中間的な処理を経ずに，原言語文から目的言語文を直接出力する．

図 10.4 に encoder-decoder モデルを示す．このモデルは原言語文を読みこむ部分 (encoder) と目的言語文を出力する部分 (decoder) からなる．encoder, decoder ともに 6.4 節で説明した RNN が用いられ，図 10.4 の実線矢印は遷移行列をかけることを表している．長期依存性を学習できるように RNN には LSTM が用いられている．

まず，encoder では RNN で原言語文を 1 単語ずつ読んでいく[†]．6.4 節で説明した RNN 言語モデルと同様に，入力層 x は入力単語に対応する次元が 1，その他は 0 のベクトルで表される．隠れ層 h では入力単語のベクトル表現と 1 つ前の時刻の隠れ層の値が足され，隠れ層の状態が更新されていく．RNN 言語モデルの場合と異なり，原言語文全体を読みこむまでは何も出力されない．原言語文を最後 (文末を表す "<EOS>") まで読むと，原言語文全体の情報を保持したベクトルが作られる (図中の h_T ベクトル)．

decoder では encoder と異なる RNN が用いられ，隠れ層 z において，原言語文のベクトル h_T，1 つ前の隠れ層の値，1 つ前に出力した単語をベクトルに変換したものを足して，隠れ層の状態が更新されていく．各時刻において，隠れ層の値から出力層 y の値が得られる．出力層の次元数は目的言語の語彙数に相当し，値の一番大きい単語が出力される．このようにして目的言語の単語を 1 単語ずつ出力していき，"<EOS>"（目的言語の語彙に含まれている）が出力されると翻訳を終了する．

学習時は対訳コーパスを逐次与えて，システムが出力した目的言語文と正解の目的言語文が一致するように，原言語の単語のベクトル表現, encoder と decoder

---

[†] 原言語と目的言語が類似した言語ペアのときに，原言語文を逆順に読み，原言語文の先頭と目的言語文の先頭が近くなるように工夫をしている場合もある．

それぞれにおける隠れ層の遷移行列，目的言語の単語のベクトル表現などを誤差逆伝播法で学習する．このように中間的な処理を経ずに入力から出力を直接生成し，そのために必要な情報をすべて学習するものを **end-to-end 学習**とよぶ．これはニューラルネットワークによって容易に行えるようになった学習であり，機械翻訳だけでなく様々なタスクで研究されている．

ニューラルネットワークによる機械翻訳の特徴としては，非常に流暢な翻訳を生成するが，内部では単語がベクトル表現となっているために原言語文に直接対応しない語が生成されたり，大規模な語彙を扱うことが難しいため OOV (out of vocaburary，未知語) の問題が深刻であるなどの問題がある．しかし，2016 年現在，わずか 2, 3 年の研究開発によって従来の機械翻訳と肩を並べる精度が実現されつつあり，今後の発展が期待されている．

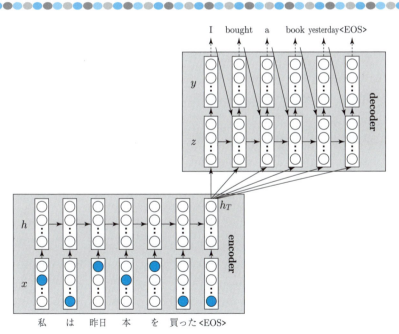

図 10.4 encoder-decoder モデル．原言語文 "私は昨日本を買った" を目的言語文 "I bought a book yesterday" に翻訳する様子を示す．

10.5 機械翻訳の評価

10.5.1 翻訳の評価尺度

　科学技術全般において評価は非常に重要であり，客観的な評価尺度が設定できれば技術の進展を促す効果も大きい．自然言語処理の基本解析の場合には，正解が明確であり，正解との比較をすれば精度を評価できる．

　これに対して翻訳の場合には，ある文の正しい翻訳が多数存在するため，正解を与えて比較するということは困難であると考えられてきた．そのため従来は，**忠実さ** (adequacy) や **流暢さ** (fluency) の観点で何段階かの評価基準を定め，人手による評価が行われてきた．この方法は大きなコストがかかり，翻訳システムが変更されるたびに（その変更が有効な変更であるかどうかを調べるために）人手評価を行うことは困難であった．また，人間の評価者間で基準を統一することも困難であった．

　この問題に対して，近年，いくつかの自動評価尺度が提案され，これが特に統計翻訳の発展に大きく貢献してきた．その基本的な考え方は，正しい参照訳を複数用意しておき，それらと機械翻訳の出力の単語列としての近さを評価するというものである．その代表的なものは **BLEU** とよばれる尺度である．

　BLEU では，まず，翻訳システムの翻訳文中の単語列が参照訳に含まれる割合を 1-gram, 2-gram, 3-gram, 4-gram についてそれぞれ計算して相乗平均をとる．これだけでは翻訳文が短い場合に有利になるので，翻訳文が参照訳に比べて短い場合のペナルティ (brevity penalty) を乗じたものとする．

　BLEU などの自動評価尺度はかなり粗っぽい尺度であり，翻訳システムの質を十分に評価できるものではないという批判もある．しかし，人間による主観評価とある程度相関があり，また，1,000 文規模のテスト文を用いれば参照訳がそれぞれ 1 文でもある程度機能する．1 文の参照訳でよいということは，翻訳システムの知識源である対訳コーパスの一部を学習データから除いておいてテスト文とすればよいので，簡便に評価が行えるという利点も大きい．

10.5.2 評価型ワークショップ

　自然言語処理の他のタスクと同様，機械翻訳においても，共通のデータを用いて手法や精度の比較・議論を行う評価型ワークショップが数多く開かれ，研究の進展を牽引してきた．翻訳の場合には対訳コーパスが極めて貴重であり，それが整備される意義が特に大きい．

　米国では，安全保障の観点から，アラビア語や中国語から英語への翻訳についてDARPAが主催するワークショップが継続して開催されており，最近ではOpenMTとよばれている[†]．また，ヨーロッパ言語間の翻訳を対象とするWMT (Workshop on SMT) が毎年，国際会議に併設されて開催されている．

　アジア言語間では，NTCIRの中で翻訳ワークショップが開催されてきたが，2014年からはWAT (Workshop on Asian Translation) に継承されている．機械翻訳の入出力を音声とする音声翻訳についてもIWSLT (International Workshop on Spoken Language Translation) が定期的に開催されている．

演習問題

10.1　ウェブ上の翻訳サービスを利用してみて，その性能や，どのような表現の翻訳が難しいかなどを分析してみよう．

10.2　現在の機械翻訳は，各文を独立に翻訳しており，文脈を考慮していない．このことが翻訳にもたらす悪影響を具体的に考えてみよう．

[†] http://www.nist.gov/itl/iad/mig/openmt.cfm

第11章

対話システム

　音声認識・合成技術の成熟，自然言語処理技術の向上，携帯端末などの普及により，人間と自由に対話することができる対話システムが身近なものとなってきた．発話の意味，質問に対する応答，現在の音声対話システムの仕組みなどを解説する．

11.1 対話システムの歴史

　人と自由に，知的に対話するシステムやロボットは，映画「2001年宇宙の旅」(1968年) の HAL をはじめとして，SF などではお馴染みのものである．対話システムの研究の歴史は古く，初期の代表的なシステムとして 1960 年代の ELIZA と SHRDLU があるが，この 2 つは設計思想がまったく異なるシステムであった．

　ELIZA は精神療法におけるカウンセリングの状況を模倣したシステムで，対話者の発話の中身を理解することは一切行わない．対話者の発話に対するきわめて素朴なルール，たとえば always を含む発話であれば「Show me some specific examples」と応答するというようなルール群を用いて対話を続けるシステムである．しかし，意外に対話は続くのでおもしろい[†]．

　一方，SHRDLU は理解に基づく対話を目指したもので，ロボットアームで積み木を操作するという，極めて単純なある種のおもちゃの世界 (toy world) に対話内容を限定し，その代わりにその世界についてはコンピュータの中ですべてが理解されているという世界を作り出した (図 11.1)．積み木の操作について，現在の状態や操作による状態変化を把握し，また it などの照応表現も解釈して対話を行うことが可能であった．

　ELIZA と SHRDLU はいずれも当時としては画期的な対話システムであったが，ELIZA の対話は表層的なものに終始し，SHRDLU の対象を他の，より現実的な世界に拡張することは困難であった．また，これらはいずれも音声ではなくテキスト入出力によるシステムであった．

　その後，音声認識技術の発展を受けて，1990 年頃から音声による対話システムが構築されるようになり，ケンブリッジの街の案内を行う MIT の音声対話システム VOYAGER の開発や，フライトの情報案内をターゲットとした米国 DARPA による ATIS プロジェクトが行われた．2000 年頃からは米国で電話の自動音声応答の入力をテンキーから音声発話に置き換えるサービスが実用化された．

　2000 年以降，コーパスと機械学習による自然言語処理の進歩，超大規模デー

[†] Emacs の `M-x doctor` で試すことができる．

タに基づくクラウド型音声認識での大幅な精度向上があった．これらを基盤として，DARPA の人工知能プロジェクト CALO（2003–2008 年）からのスピンオフによる音声対話システム Siri のサービスが 2010 年にはじまった．Siri は，携帯端末操作，質問応答などに ELIZA 型の雑談対話が融合されたもので，音声で自由に対話できることが大きな話題を集めた．日本においても，同様の機能を持つ NTT ドコモの「しゃべってコンシェル」，Yahoo! JAPAN の「音声アシスト」が 2012 年に発表された．

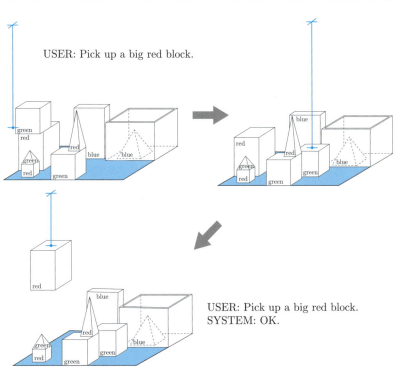

図 11.1 SHRDLU の積み木の世界（T. Winograd: Procedures as a Representation for Data in a Computer Program for Understanding Natural Language, MIT AI Technical Report 235, 1971 より）

11.2 発話の意味

文の意味が前後の文や場面，状況などの文脈に依存することはこれまでにも説明してきた．対話における**発話** (utterance) では，特に文脈への依存度が大きく，文脈から切り離して意味を考えることはできない．言語学で，このような文脈に基づく発話の意味を扱う分野を**語用論** (pragmatics) とよぶ．ここではまず，人間の対話における発話の意味について考える．

発話は，単にある事態を表現しているというだけではなく，聞き手に対する働きかけや自分の意思の表明であると解釈する必要がある．それは依頼，勧誘，命令であったり，約束，宣告であったりする．このような意味で話し手の発話は行為の一種であると考えることができる．さらに，発話の意味は，字面の意味を越えて解釈すべき場合も少なくない．

たとえば，次のそれぞれの発話は，場面や状況によっては，その右側のように勧誘や依頼の意味を持つと考えるべきであろう．

- 日曜日はひまですか？ ⇒ 日曜日に遊びに行こう（勧誘）．
- ちょっと暑いですね． ⇒ エアコンを入れて下さい（依頼）．

このように，直接の字面通りの意味ではなく，間接的な意味を伝達する行為は**間接発話行為** (indirect speech act)，またその意味は**会話の含意** (conversational implicature) とよばれる．

このような複雑な解釈が必要であるにも関わらず，通常，会話が円滑に進むのは，会話の参加者がある原則に基づいて協調的に会話に参加しているためである．グライス (P. Grice) はこの原則を4つの公理にまとめ，**会話の公理** (maxims of conversation) と名付けた．また，この公理に基づき協調的に会話が行われることを**協調原理** (cooperative principle) とよんだ．

(1) **量** (quantity) の公理：必要かつ十分な情報を提示する
(2) **質** (quality) の公理：真実性のある情報を提示する
(3) **関係性** (relevance) の公理：関連性のある情報を提示する
(4) **様式** (manner) の公理：明確で簡潔な形で情報を提示する

我々の会話はこれらの公理を満たす形で進められる．また，一見これらの公理に反すると思われる発話が行われた場合，守られるべき公理に「一見反する」ことには理由があるはずだと考えることで，別のより深い解釈が導かれる．

たとえば，「日曜日はひまですか？」という問いに対する「月曜日に試験があります」という発話は，質問に答えておらず，またこの問いを勧誘と解釈したとしてもその肯定でも否定でもない．その意味で，一見，関係性の公理に反していると思われる．しかし，関係性の公理は守られているはずだと考えることで，この発話の本当の意味，すなわち遠回しに勧誘を断っているという解釈が導かれる．

会話の中では，曖昧な言い方をしたり，嘘をつくこともあるが，それらも単に様式の公理や質の公理に反するということではなく，相手に何らかの事情があるのだろうという推測を促すことになる．

11.3 質問応答

質問して，それに答えるというやりとりは，対話の中で頻繁に起こる．実際，Siri などの音声対話システムにおいて，ユーザの質問に答える機能は対話を構成する重要なモジュールとなっている．ここではその枠組みを説明する．

2011 年 2 月，スーパーコンピュータが米国の人気クイズ番組「Jeopardy!」で人間のチャンピオンを破ったというニュースが世界を駆け巡った．そのシステムは IBM 創業者の名前から Watson と名付けられた．1997 年に IBM のプログラムがチェスの世界王者に勝利したが，これに続く IBM によるグランドチャレンジであった[†]．

Watson は具体的には次のような問題に答えることができる．

Q: MARILYN MONROE & BRILLO BOXES WERE 2 OF THIS ARTIST'S SUBJECTS.
（マリリンモンローとブリロボックスがこの芸術家の画材であった）

A: Who is Andy Warhol. （アンディウォーホル）

情報検索のように，クエリに対する関連文書をランキングして返すのではな

[†]デモビデオ: http://www.youtube.com/watch?v=cU-AhmQ363I

く，質問に対してその答えを明確に抽出して答えるタスクを **質問応答** (question answering) とよぶ．IBM の Watson はその究極の成功例といえる．

現在，質問応答で一般的に扱われているのは，上記の例のように具体的な事実を問う問題で，**事実型質問** (factoid question) とよばれる．事実型質問では，まず質問文から回答のタイプを推定する．上記の例であれば「芸術家」という表現から答えは人名だろうと推測する．「富士山の高さは何メートルですか」という質問であれば，長さを示す数値表現であると推測する．

次に，質問をクエリとして情報検索を行い，文書よりも小さい段落程度を単位として，関連する段落をランク付きで抽出する．そして，各段落の言語解析を行い，回答タイプに合致する固有名や数値表現などの名詞句を回答候補として抽出する．「富士山の高さ」が質問であれば，「富士山 高さ」の検索結果テキストから「～m」などの数値表現を取り出し，「オバマ大統領の出身地」が質問であれば「オバマ大統領 出身地」の検索結果テキストから地名を取り出す．

最後に，回答候補の頻度や，その出現文脈などを手がかりとしてランキングを行い，最上位のものを回答とする．ここでも，これまで紹介してきた枠組みと同様に，質問と回答の学習データを用意し，機械学習の枠組みで手がかりに対する重みを学習する．

Watson では，クイズで勝利するために，回答の確信度を計算し，クイズの展開の中で相手の点数，自分の点数，問題の点数などを総合して回答するかしないかを判断するということも行われた．その後，Watson は医療分野での病名診断支援システムや医師の訓練システムとしての応用が検討されている．

Watson は司会者の音声を自動認識して回答しているのではなく，同じタイミングでテキスト入力が与えられ，それを解釈して回答するシステムであった．しかし，これを音声認識を通して行うことも難しいことではない．

11.4 音声対話システム

2010年頃から雑音のある実環境においても音声認識の精度が大きく改善され，最近では対話システムといえば音声対話システムを意味するという状況となった．ここでは，Siri，しゃべってコンシェル，音声アシストなどの音声対話システムの特徴や仕組みについて見ていくことにする．

一般に，対話は**タスク指向対話**と**雑談対話**に大別することができる．タスク指向対話はあるタスクを遂行することを目的とした対話である．これに対して，雑談対話はまさに雑談を行う対話で，人間関係を構築したり維持する上で重要な働きがある．

対話システムについてもこの区別を考えることができ，初期の対話システムはこの一方の機能を持つものであった．積み木の世界を操作するSHRDLUや，街の案内，フライトの情報案内などを行うシステムはタスク指向型の対話システムであった．一方，ELIZAやそれ以降のいわゆる**会話ボット** (chatterbot) は雑談対話システムである．

しかし，人間の日常の対話はタスク指向対話と雑談対話が混在したものであり，それが自然な対話である．現在の音声対話システムも，アラーム設定，電話発信，音楽プレイヤー起動などのタスク指向対話と，雑談対話の両方を行うことができる（**図 11.2**）．雑談対話については，現在はエンターテイメントの側面が強いが，将来的には，商取引などでの信頼感醸成や嗜好獲得，医療・介護・福祉における癒しや安らぎなど，音声対話システムの雑談力の向上には様々な期待がある．

タスク指向対話では，タスク遂行に必要となる情報を，情報抽出におけるテンプレートのようにあらかじめ整理しておく．たとえば，乗り換え案内システムでは，「〈出発地〉, 〈目的地〉, 〈出発時刻〉」が必要となる．ユーザの発話を解釈してこれらのスロットを埋め，不足する情報があれば聞き返しを行う．テンプレートに基づくこのような対話はルールによって行うこともできるが，音声の誤認識やユーザの意図が不明確な場合に柔軟に対応するために統計的手法の利用も進んでいる．

一方，雑談対話については，ELIZA以来，素朴なルール群で対話を行うこと

が主流であった．現在でも「おはよう」に対して「おはよう」と答えるなど，一定部分の発話はルールによって処理されている．しかし，現在の音声対話システムの雑談力の源泉は，ウェブという膨大な知識源が活用できる点にある．質問応答は対話を維持，発展させる上で重要な機能である．また，事前に様々な知識をウェブから抽出して知識ベースとしておくことにより，たとえば，京都には寺院が多いということを知っていれば，「京都に行きたい」という発話に対して「京都はたくさんお寺があっていいですね」と応答することが可能となる．さらに，動的にニュース記事などを参照すれば，直近の事件やスポーツの試合結果などに関する雑談を行うこともできる．

このように現在の音声対話システムは多様な機能を持つことにより自然と感じられる対話を実現しているが，適切なモジュールを選択して適切な応答を生成するためには，ユーザの発話の意図を正しく理解することが最も重要である．しかし，発話意図の正しい理解は，言語表現の同義性と多義性（4章参照），すなわち，1つの意図を表す多数の発話があり，逆に，1つの発話が複数の意図を表しえるという性質から非常に難しい問題である．発話の文脈依存性の強さや，間接発話行為などもこの問題を一層難しくしている．

たとえば，音楽プレイヤーを起動したいという意図は，次のような様々な発話で表現される．

- 音楽プレイヤーを起動，音楽プレイヤーを起動して，…
- 音楽プレイヤー，ミュージックプレイヤー
- 音楽を鳴らして，音楽を再生して，〈楽曲名〉をかけて，〈楽曲名〉を流して，…
- 音楽が聴きたい，〈楽曲名〉を聴きたい，…
- 音楽，〈楽曲名〉

逆に多義性の問題もある．ユーザが「京都に行きたい」といったとき，これを乗り換え案内の意図と解釈し，タスク指向対話のモジュールで「何時に出発しますか」と応答するか，雑談と解釈して，知識ベースを参照して「京都はたくさんお寺があっていいですね」と応答するかという判断は難しい．

このような柔軟な意図理解を行うためには，大規模な対話ログに注釈を付与して分析すること，統計的手法の利用，ユーザごとの対話の履歴の活用（個人

適応），対話の文脈の解析などが必要である．今後の発展が期待される大変魅力的な分野である．

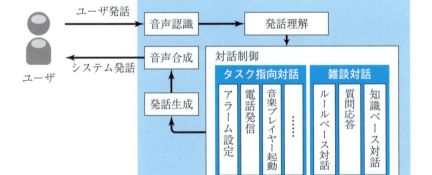

図 11.2　音声対話システムの構成

11.5 チューリングテスト

　タスク指向対話は明確な目標があり，必要な情報を整理したテンプレートがあれば対話を行うことは比較的容易である．一方，雑談対話の場合には，たとえ知識があるとしても，それを用いて対話をうまく続けることは簡単ではない．現状の音声対話システムは，雑談の中でユーザの着目するポイント，焦点を認識し，それを拠り所として対話を続けようとするが，対話がかみ合わないことは少なくない．

　このようなコンピュータによる対話能力については古くから議論があった．コンピュータが「知的であるかどうか」を判定する方法として，コンピュータ科学の父ともいわれるチューリング (A. Turing) が，**チューリングテスト**といわれる方法を考案している．これは，人間の判定者が，隔離された部屋にいる相手がコンピュータであるか人間であるかを知らされずにキーボードによる対話を行い，判定者がコンピュータを人間と区別できなければテストに合格したと考える，すなわち，コンピュータが知的であると判断するというものである．具体的には，5分間のテストで人間の審判の30%をだます（人間であると思わせる）ことができればテストに合格という基準が考えられた．

　2014年6月，チューリングの没後60年を記念するイベントで，審査員の33%が人間であると判断し，はじめてチューリングテストに合格するシステムが現れた．ウクライナ在住の13歳の少年という設定の会話ボットであった．実際には，人間でないことを隠すために，英語が母国語でないキャラクターとしたり，奇をてらう発話をするなど，本質的でない様々な工夫がされており，これをもって「コンピュータが知的である」と考えることには様々な批判がある．しかし，雑談対話の重要性が見直される中で，注目すべき出来事と考えてもよいだろう．

11.6 ニューラルネットワークによる応答生成

6 章で説明したニューラルネットワークは対話システムでも利用されはじめており，機械翻訳で用いられている encoder-decoder モデル（10.4 節参照）を用いて応答を生成する研究が行われている．機械翻訳では原言語文を入力とし目的言語文を出力していたが，ここでは発話を入力としその応答を出力する．twitter などのマイクロブログサービスから発話と応答のペアを大量に入手できることから，大量の入力発話と応答のペアを与えて学習を行うことができる．

機械翻訳と同様に，encoder で入力発話を 1 単語ずつ読みこんでいき，入力発話を最後まで読むと入力発話全体の情報を保持したベクトルが作られ，そこから decoder で 1 単語ずつ応答を出力していく．

Weibo（中国版 twitter）の約 440 万の発話と応答ペアから学習されたモデルのシステム応答例を**表 11.1** に示す．図から自然な応答が生成されていることがわかる．10.4 節の機械翻訳のところでも述べたとおり，流暢な文を生成できるのはニューラルネットワークの特徴である．他にも，入力発話からの対話行為推定や対話行為からの応答発話生成，対話管理などにニューラルネットワークを利用する研究があり，今後の進展が期待される．

演習問題

11.1 Siri，しゃべってコンシェル，音声アシストなどの音声対話システムを使ってみて，どの程度の表現バリエーションでアプリケーションをよび出すことができるか，またどの程度，雑談対話を行うことができるかを試してみよう．

11.2 会話の公理の観点から，現在の音声対話システムにどのような弱点があるかを考えてみよう．

表 11.1 入力発話とシステム応答の例（下段の英語は中国語を翻訳したもの．Lifeng Shang, Zhengdong Lu and Hang Li: Neural Responding Machine for Short-Text Conversation, ACL2015 より引用）

入力発話	システム応答
每年元旦都来高烧。 High fever attacks me every New Year's Day	祝早日康复，身体健康！ Get well soon and stay healthy!
又老了一岁，感谢我们组，我很高兴 I gain one more year. Grateful to my group, so happy	老了老了，岁月不饶人啊！ Getting old now. Time has no mercy.
吃素第一天，坚持住，崔朵拉。 First day of being a vegetarian. Hold on, **CuiDuoLa**	每天都是素食主义者 I have been being a vegetarian everyday
这种天气真应该带个帅锅出去踏青赏花 We should go out with some cute guys to enjoy a great outing in such a nice weather.	这种天气真不是盖的。 It is indeed a very nice weather.

第12章

まとめ

　本書のまとめとして，これまでに説明してきた自然言語処理の基本解析のまとめと問題点の整理を行い，今後の改善について議論する．さらに，自然言語処理の応用システムの発展の方向性を展望する．

12.1 基本解析のまとめと問題点の整理

　人が言語によって伝えようとする意味内容は，ものごとの間の複雑な関係であり，ネットワーク構造を持っている．本書で自然言語の基本解析とよんだものは，1次元の文字の並びとして表現された文章から，意味内容を表現するネットワーク構造を復元する処理である．

　日本語，英語の基本解析の精度は，形態素解析について97〜99%程度，構文解析について90%前後，照応・省略解析について50〜70%程度，談話構造解析について50%程度である．中国語については，単語区切りの空白がなく，字種も漢字のみであることから，形態素解析・構文解析の精度が日本語や英語ほど高くないという状況にある．

　日本語，英語の形態素解析，構文解析の精度は一見高いように見えるが，これは単語単位の精度であり，文単位でみればその中に何ヶ所かに解析誤りがあるということになる．

　また，これらの精度は，注釈付与コーパスの一部を訓練データとして教師有り機械学習を行い，同じく注釈付与コーパスの一部をテストデータとして評価した場合の値である．訓練データとテストデータのドメイン・文体は同じであり，また，注釈付与コーパスは新聞などの比較的きっちりと書かれた文章がもとになっている．すなわち上記に示した精度は理想的な状態での評価である．異なるドメインや，性質が異なる文章に適用すると極端に精度が落ちる場合があり，特にウェブ上のくだけた文章での精度低下は小さくない．

　今後は，ドメイン適応や，教師無し学習の枠組みの知識獲得により，どのようなドメイン，文体の文章であっても，一定程度の形態素解析，構文解析の精度が出せるということが必要である．これに関連して，未知語を限りなく0にするということも重要な問題である．ウェブを活用すれば，専門分野あるいは特定分野の用語であってもその定義や使用例を収集することは不可能ではない．これらのことは，今後，自然言語処理が様々な分野で実際に有効に機能するためには必須の改善項目である．

　日本語や英語においても，照応・省略解析や談話構造解析など，文をまたぐ解析の精度はまだまだ十分ではない．各文の形態素解析や構文解析の誤りが蓄

積される問題もあるが，それ以上に，文をまたぐと問題がかなり難しくなるということがある．すなわち文には比較的明確な文法があり，それによって構造がある程度推測可能である．これに対して，文をまたいで，語句や文・節が互いにどのような関係を持つかということについては文法的な制約がほとんどなく，その解釈に常識，知識を必要とすることになる．現在の自然言語処理では，そのような知識の獲得・整備が十分ではなく，またその柔軟な利用もできていないということである．

12.2　知識構築の新たな枠組み：クラウドソーシング

　知識をコンピュータに与え，整理する上での新たな，有望な方式として**クラウドソーシング** (crowdsourcing) がある．広義には，Wikipedia をはじめとするウェブ上の集合知による辞書・辞典作成などもその一種である．最近では，インターネットを介して多数の人に小さな作業を委託する枠組みが発展しており，これを自然言語処理のための言語資源構築に活用することがはじまっている．

　従来の注釈付与コーパスの構築は，言語学などの素養があり，注釈付与基準を十分に理解し，訓練を受けたアノテータ（注釈付与作業者）によって行われてきた．これは非常にコスト（費用と時間）がかかるという問題があった．

　クラウドソーシングの場合，比較的安価な費用と短時間でデータ構築を行うことができ，さらに，Wikipedia のようなボランティアや，ゲームの要素を取り入れるゲーミフィケーションの工夫により無料で作業してもらえる可能性もある．

　しかし，クラウドソーシングのより重要な特徴は，極めて高速に多数の人の言語直観を調べることができるという点にある．悩ましい言語表現の解釈について，従来は，訓練を受けているとはいえ，1人または少数のアノテータの直観でデータが作られてきた．クラウドソーシングであれば，10人あるいはそれ以上の作業者の解釈を集めることも難しくない．言語の使用はそもそも慣習であり，多くの人がそう使うからそれが正しい使い方であるということになる．クラウドソーシングはこのような言語の性質に適したデータ構築法であるということができる．

　クラウドソーシングの草分け的なものは Amazon の Mechanical Turk とい

うサービスであるが,現在は日本でもいくつかのサービスが利用可能であり,今後,言語資源構築でのクラウドソーシングの利用が広がっていくと考えられる.

12.3 応用システムの発展の方向性

自然言語処理の基本解析の向上にともない,人々の知的活動を支援する応用システムの普及もはじまっている.今後考えられる,応用システムの発展の方向性を展望する.

12.3.1 機械翻訳の発展

人類の夢であり,自然言語処理の起源でもあった機械翻訳は,対訳コーパスを用いる方法によってついに実用レベルに近づいている.2020年の東京オリンピック・パラリンピックへ向けて,テレビ字幕を機械翻訳の支援によって多言語化する試みや,日本に来た外国人観光客を支援する音声翻訳システムの開発がはじまっている.

機械翻訳の精度は対訳コーパスに大きく依存するが,十分な質と量の対訳コーパスが存在する言語対,ドメインは限られている.この問題に対して,TED[†]の字幕(subtitle)への翻訳付与をはじめとして,集合知やクラウドソーシングによる対訳コーパス構築への期待が高まっている.多言語で構築されているWikipediaもコンパラブルコーパスではあるが貴重な翻訳知識源である.

機械翻訳結果がある程度の質となれば,それをプロの翻訳家が下訳として利用できるはずである.しかし,少なくとも日本語に関係する翻訳ではまだそのような状況は生まれておらず,対訳コーパスを検索して参考にする翻訳メモリとよばれる使い方にとどまっている.これまで,機械翻訳の質が十分でなかったこともあり,機械翻訳研究者とプロの翻訳家コミュニティとの交流は少なかった.より高度な機械翻訳を目指す上でも,両者の協力は今後重要になると考えられる.

[†] http://www.ted.com/

12.3.2 多言語言論ネットワークの可視化による異文化相互理解の支援

今日においても国家・民族の間の緊張や紛争は絶えることがなく，グローバル化する世界の中で一層深刻化している．その要因の一つは言語障壁であり，もう一つは複雑な問題においてその前提条件や意見の総体を見通すことが難しいというところにある．

本書で説明してきた，機械翻訳，情報検索，さらに同義表現の集約や，事態間の因果関係・対立関係の解析を総合すれば，様々な言語で表現されている主張や意見を整理して可視化することができるようになる．このようなシステムは，異文化間の相互理解の支援におおいに役立つものと考えられる．

現状では，各コンポーネントの精度を考えると，その単純な組合せでは有効なシステムを実現することは難しいが，そのようなシステムを視野に入れて自然言語処理の研究開発を行うことは重要であろう．

12.3.3 人間と自然な対話を行うシステム

言語，特に音声言語は，人間の意志を効率的に，かつ非常に微妙なところまで伝えることができるすばらしい道具である．すでに，音声認識精度が向上し，携帯端末の簡単な操作や，簡単な会話を行う対話システムが出現している．今後はこれが大幅に進化し，人間と自然に対話できるシステムとなり，あらゆる情報機器のインタフェースとなっていくであろう．本当に自然な対話を行うためには，抑揚や間によって喜怒哀楽の感情を認識・生成できる必要がある．

自然言語処理の観点では，自然な言語生成を行うことが重要な課題である．生成の研究は古くからあるが，解析の研究では解析すべきテキストに困らないが，生成の研究では生成すべき意味内容（コンピュータの意志）を想定することが難しいという問題があった．しかし，対話システムの進展とともに今後は生成の研究が本格化するであろう．特に日本語は敬語や役割語が複雑であり，対人関係を考慮した言語生成は大変面白い研究テーマである．

また，ロボットなどに搭載され，実世界で機能するために，視覚情報と統合して対話を理解することも重要である．これは，理解とは何かという問題，いわゆるシンボルグランディングにつながる問題であり，人工知能や認知科学との議論が展開されるであろう．

12.4 おわりに

　自然言語処理の技術の概要を説明した．本質的で重要な問題はまだまだ残っており，やっとそれに挑戦できる土台が整ったともいえるだろう．しかし，技術の進歩が指数関数的である場合，ある時点で劇的な変化が起きたと感じられ，社会に大きな影響を与え，社会に変革をもたらす可能性がある．

　人工知能や，その根幹である自然言語処理の進展は今まさにその直前の段階にあるのかもしれない．少し大げさかもしれないが，そのような近未来を想像しつつ，本書を終わりにしたい．

演習問題解答

■ 第1章

1.1 省略

1.2 ラベル：無については次のように計算できる．
$$P(黄 \mid 無)P(○ \mid 無)P(短 \mid 無)P(地 \mid 無)P(無) = \frac{1}{5} \times \frac{2}{5} \times \frac{1}{5} \times \frac{1}{5} \times \frac{5}{8} = \frac{1}{500}$$

■ 第2章

2.1 例えば，[元気] に連接する 2 つのパスのうち，[ね]-[たら] のスコアは $1+4+1+4+1=11$，[ねたら] のスコアは $1+4+1=6$ となるので，後者が選択され，[元気] までのスコアは $6+4=10$ となる（[ね]-[たら] のパス，スコアは以降の計算では使われない）．[文末] に連接するパスも同様に [に]-[なった] からのパスが選択され，最終的に図の太字のパスが最適パス（スコア最小のパス）となる．

2.2 省略

2.3 [flies:N] に連接する 2 つのパスでは，[time:N] を通るパスのスコアが $0.57 \times 0.0037 \times 0.38 = 8.0 \times 10^{-4}$，[time:V] を通るパスのスコアが $0.04 \times 0.0002 \times 0.31 = 2.5 \times 10^{-7}$ となるので，前者が選択され，[flies:N] までのスコアは $8.0 \times 10^{-4} \times 0.0006 = 4.8 \times 10^{-7}$ となる．[flies:V] までのパスも同様に [time:N] からのパスが選択され，[flies:V] までのスコアは 8.5×10^{-6} となる．このように縦に並んだ各ノードまでの部分最適パスを順次計算していく．次の列では例えば [like:PREP] までのパスは，[flies:N] からのパスの $4.8 \times 10^{-7} \times 0.29$ と [flies:V] からのパスの $8.5 \times 10^{-6} \times 0.33$ を比較して，後者が選択される．このような処理を文末まで続けると太字の最適パスが得られる．

2.4, 2.5 省略

■ 第3章

3.1 省略

3.2 以下の句構造規則について，右辺の下線のものを主辞として順に親ノードに伝搬させれば，図 3.2(a) の句構造表現が図 3.1(c) の依存構造表現に変換される．

文 → 動詞句 接辞	名詞句 → 後置詞句 名詞
後置詞句 → 名詞 後置詞	名詞句 → 動詞句 名詞句
後置詞句 → 名詞句 後置詞	動詞句 → 後置詞句 動詞
後置詞句 → 後置詞句 後置詞	動詞句 → 後置詞句 動詞句

3.3, 3.4　省略

3.5　Mary がスタックの右端になったところで，図 3.9 のように Right Arc 操作を行わず Shift 操作を行い，with をスタックに移動する．そして with a telescope の依存構造木ができた段階で，Right Arc 操作によって Mary with a telescope の依存構造木を作り，さらに Right Arc 操作によって Mary を saw の子ノードとする．

3.6　省略

■ 第 4 章 ■

4.1, 4.2　省略

4.3　日本語の和語動詞で，ほぼ同じ意味内容が別の格助詞のパターンで表現される例として次のようなものがある．

- 今日は <u>酒が</u> 飲める ⇔ 今日は <u>酒を</u> 飲める
- <u>パンが</u> 食べやすい ⇔ <u>パンを</u> 食べやすい
- インターネットで <u>ソフトウェアが</u> 売っている
  ⇔ インターネットで <u>ソフトウェアを</u> 売っている
- 地震で亀裂が <u>地面が</u> 走った ⇔ 地震で亀裂が <u>地面を</u> 走った
- 魚が <u>清流で</u> 泳ぐ ⇔ 魚が <u>清流を</u> 泳ぐ
- <u>学生が</u> インフルエンザに <u>感染する</u> ⇔ <u>学生に</u> インフルエンザが <u>感染する</u>

4.4　省略

■ 第 5 章 ■

5.1, 5.2　省略

■ 第 6 章 ■

6.1　$E = -L = -\log(out^y \cdot (1-out)^{1-y})$
　　　$= -y \cdot \log out - (1-y) \cdot \log(1-out)$

なので，

$$\frac{\partial E}{\partial out} = -\frac{y}{out} + \frac{1-y}{1-out}$$
$$= \frac{-y + out \cdot y + out - out \cdot y}{out(1-out)}$$
$$= \frac{out - y}{out(1-out)}$$

となる．
　中間層の out の値を out_i^h $(i = 1, \cdots, L)$ とおくと，$out_i^h = v_{i,りんご}$ である．すると，

$$\frac{\partial E}{\partial u_{\text{食べる},i}} = \frac{\partial E}{\partial out} \cdot out(1-out) \cdot out_i^h = (out - y) \cdot v_{i,\text{りんご}}$$

となるので，式 (6.4) を用いて重みを更新する．次に，中間層では非線形関数が適用されていないことに注意して，

$$\frac{\partial E}{\partial v_{i,\text{りんご}}} = \frac{\partial E}{\partial out_i^h} \cdot 1 = \frac{\partial E}{\partial out} \cdot out(1-out) \cdot u_{\text{食べる},i}$$
$$= (out - y) \cdot u_{\text{食べる},i}$$

となるので，$u_{\text{食べる},i}$ と同様に式 (6.4) を用いて重みを更新する．

6.2　省略

第7章

7.1〜7.3　省略

第8章

8.1, 8.2　省略

第9章

9.1　$p(d_1, \text{自転車}) = p(d_1)(p(\text{自転車}|z_1)p(z_1|d_1) + p(\text{自転車}|z_2)p(z_2|d_1))$
$\qquad\qquad = 0.1 \times (0.005 \times 0.8 + 0.001 \times 0.2) = 0.00042$

9.2　$p(D|\theta)$ を θ で微分すると，

$$\frac{dp(D|\theta)}{d\theta} = {}_5C_3\{3\theta^2(1-\theta)^2 - 2\theta^3(1-\theta)\} = {}_5C_3\theta^2(1-\theta)(3-3\theta-2\theta)$$
$$= {}_5C_3\theta^2(1-\theta)(3-5\theta)$$

となる．したがって $\widehat{\theta}$ は 3/5 となる．

9.3　省略

第10章

10.1, 10.2　省略

第11章

11.1, 11.2　省略

参考文献

[1] 言語処理学会編『言語処理学事典』, 長尾真「総説　言語処理の歴史」, 共立出版, 2009.
[2] 益岡隆志, 田窪行則『基礎日本語文法』, くろしお出版, 1992.
[3] 佐久間淳一, 町田健, 加藤重広『言語学入門—これから始める人のための入門書』, 第 10~13 講, 研究社, 2004.
[4] 高村大也（著）, 奥村学（監修）『言語処理のための機械学習入門』（自然言語処理シリーズ-1）, コロナ社, 2010.
[5] 北研二（著）『確率的言語モデル』（計算と言語-4）, 東京大学出版会, 1999.
[6] Sandra Kübler, Ryan McDonald, and Joakim Nivie, "Dependency Parsing", Morgan & Claypool Publishers, 2009.
[7] 山梨正明（著）『認知文法論』, ひつじ書房, 1995.
[8] チェールズ J. フィルモア（田中春美, 船城道雄訳）『格文法の原理』, 三省堂, 1975.
[9] Martha Palmer, Nianwen Xue, and Daniel Gildea, "Semantic Role Labeling", Morgan & Claypool Publishers, 2010.
[10] 成山重子（著）『日本語の省略がわかる本』, 明治書院, 2009.
[11] 岡谷貴之（著）『深層学習』（機械学習プロフェッショナルシリーズ）, 講談社, 2015.
[12] 北研二, 津田和彦, 獅々掘正幹（著）『情報検索アルゴリズム』, 共立出版, 2002.
[13] Christopher D. Manning, Prabhakar Raghavan, and Hinrich Schutze, "Introduction to Information Retrieval", Cambridge University Press, 2008.
[14] 佐藤一誠（著）『トピックモデルによる統計的潜在意味解析』（自然言語処理シリーズ）, コロナ社, 2015.
[15] 岩田具治（著）『トピックモデル』（機械学習プロフェッショナルシリーズ）, 講談社, 2015.
[16] 長尾真（著）『機械翻訳はどこまで可能か』, 岩波書店, 1986.
[17] 渡辺太郎, 今村賢治, 賀沢秀人, Graham Neubig, 中澤敏明（著）, 奥村学（監修）『機械翻訳』（自然言語処理シリーズ-4）, コロナ社, 2014.
[18] 石崎雅人, 伝康晴（著）『談話と対話』（言語と計算-3）, 東京大学出版会, 2001.

索　引

あ 行

アナロジーに基づく翻訳　155

言い換え表現　64
依存構造　36
一貫性　78
イベント情報抽出　112
意味役割　69
意味役割付与　70
隠喩　60

衛星　84
エポック　97

か 行

外延　58
外界照応　80
下位概念　58
開始記号　40
会話の含意　172
会話の公理　172
会話ボット　175
ガ格　69
過学習　97
係り受け　36
書き換え規則　40
格　68
核　84
格解析　4
格構造表現　69
学習率　92

格フレーム　70
格文法　69
確率的勾配降下法　94
隠れマルコフモデル　27
関係性の公理　172
関係抽出　110
間接発話行為　172
換喩　60
関連語　64
関連度　125

機械翻訳　154
疑似負例　101
機能語　15
ギブスサンプリング　150
共参照　79
教師データ　10
協調原理　172
共役性　148
均衡コーパス　6

クエリ　125
句構造　38
句構造文法　40
句に基づく統計翻訳　159
クラウドソーシング　119, 183
グラフィカルモデル　141
クローラ　131

形態素　15
形態素解析　4, 16
系列の解析　15
系列ラベリング　31

結束性　78
原言語　154
顕現性　60
言語モデル　24

語　14
項　68
構成素構造　38
構造に基づく統計翻訳　162
後置詞　38
後置詞句　38
勾配　92
勾配降下法　92
構文　36
構文解析　4, 38
構文トランスファー方式　155
構文の曖昧性　38
後方照応　80
コーパス　5
コーパスに基づく翻訳　155
語幹　15
語義曖昧性解消　66
誤差逆伝播法　97
語の集合　127
語の多義性解消　66
固有表現　33
固有表現認識　33
固有名解析　4
語用論　172
コンパラブルコーパス　6

さ 行

サーチエンジン　124, 131
再帰型ニューラルネットワーク　107
再現率　128
最大全域木　47
最尤推定　23, 144

雑音のある通信路モデル　156
雑談対話　175
自己相互情報量　64
事実型質問　174
自然言語　2
自然言語処理　2
事前並び替え　163
質の公理　172
質問応答　174
種　58
修辞構造理論　83
終端記号　40
重要度　131
主格　68
主辞　36
述語　68
述語項構造　68
順伝播型ニューラルネットワーク　94
上位概念　58
照応解析　81
照応関係　79
照応詞　79
照応・省略解析　4
条件付き確率場　32
情報抽出　110
省略解析　83
自立語　15
人工言語　2
深層格　69
深層学習　90
スクリプト　117
素性　10
素性関数　32
生成過程　142
生成規則　40

索引 **193**

精度　128
接辞　15
接頭辞　15
接尾辞　15
ゼロ照応　81
ゼロ照応解析　83
ゼロ代名詞　81
遷移に基づく依存構造解析　53
先行詞　79
潜在変数　141
選択制限　46
全文検索　124
前方照応　80

束　17
外の関係　72

た 行

対格　68
対数線形モデル　31, 160
ダイナミックプログラミング　18
対訳コーパス　6
多義語　65
多義性　63
タグ　7
タグ付きコーパス　7
多項分布　146
タスク指向対話　175
畳み込みニューラルネットワーク　107
単語アライメント　158
単語辞書　17
単語ベクトル　100
単語予測ベクトル　100
談話構造　83
談話構造解析　4
談話単位　83
談話マーカ　84

知識獲得　110
中間層　94
忠実さ　166
注釈　7
注釈付与コーパス　7
チューリングテスト　178
調査型（検索）　131
直示表現　80
直喩　60
チョムスキー標準形　40
ディスタントスーパービジョン　115
ディリクレ分布　146
データスパースネス　25
データに基づく翻訳　155
手がかり表現　84
適合率　128
デコーディング　162
転置インデックス　124

同音異義語　65
同義語　63
同義性　63
統計的機械翻訳　155
統計翻訳　155
同綴異義語　65
特異値分解　137
ドロップアウト　97
貪欲法　48

な 行

ナイーブベイズ　10
内包　58
内容語　15
生コーパス　5
ニ格　69
ニューラルネットワーク　90

は行

ハイパーパラメータ 147
発話 172
パラメータ 142
パラレルコーパス 6

非終端記号 40
ビタビアルゴリズム 18
評価型ワークショップ 8
表層格 69
品詞タグ付け 26

ブートストラップ 112
付属語 15
文書頻度 126
分節 58
文節 36
分布仮説 64
分布類似度 64
文法 40
文脈 78
文脈解析 79
文脈自由文法 40
文脈照応 80
分類問題 10

平均適合率 129
ベイズ推定 146
ベイズ統計 144
ページランク 132
ベクトル空間モデル 126
翻訳モデル 156

ま行

マルコフ性 23
マルコフモデル 23

未知語 20
メタファー 60
メトニミー 60

目的言語 154

や行

優先的解釈 46
尤度 144
誘導型（検索） 131

様式の公理 172
用例に基づく翻訳 155
用例翻訳 155
与格 68

ら行

ラティス構造 17
ランキング 125
リカレントニューラルネットワーク 104
流暢さ 166
量の公理 172
類 58
連接可能性辞書 17

わ行

ヲ格 69

欧字

bigram モデル 24
BIO モデル 33
BLEU 166
Brown Corpus 5

Chu-Liu-Edmonds 法 48

索　引

CKY 法　42
CRF　32

DBpedia　115
Dice 係数　65
Distortion モデル　158
DP　18

EM アルゴリズム　143
encoder-decoder モデル　164
end-to-end 学習　165
Espresso　113

Fertility モデル　158
Freebase　115
F 値　128

HMM　27

IBM モデル　156
IDF　126

Jaccard 係数　65

LDA　148
Learning to Rank　134
Lexicon モデル　158
LSA　136
LSTM　106

m 階マルコフモデル　23
MAP　129
MAP 推定　145

MUC　112
n-gram 言語モデル　24
non-projective　47
NULL generation モデル　158

Penn Treebank　7
Penn Discourse Treebank　85
PLSA　139
PMI　64
projective　47
PropBank　70

right association　45
RNN　104
Roget's Thesaurus　61
Roleset　70
RST　83
RTE　119

Simpson 係数　65
SVM　31

TF　125
TF-IDF 法　126
trigram モデル　24

unigram モデル　24

Winograd Schema Challenge　82
word embedding　98
WordNet　61

著者略歴

黒橋 禎夫（くろはし さだお）

1994 年 京都大学大学院工学研究科博士後期課程修了
現　在 国立情報学研究所 所長
　　　　京都大学特定教授
　　　　博士（工学）

主要著書

『自然言語処理』（岩波講座　ソフトウェア科学 15），共著，岩波書店（1996.4）
『言語情報処理』（岩波講座　言語の科学 9），共著，岩波書店（1998.2）
『自然言語処理』，放送大学教育振興会（2015.3）

柴田 知秀（しばた ともひで）

2007 年 東京大学大学院情報理工学系研究科博士課程修了
現　在 SB Intuitions 株式会社 Chief Scientist
　　　　LINE ヤフー株式会社 上席研究員
　　　　博士（情報理工学）

ライブラリ情報学コア・テキスト＝18

自然言語処理概論

2016 年 10 月 10 日 ©	初 版 発 行
2024 年 9 月 25 日	初版第 3 刷発行

著　者	黒橋禎夫	発行者	森平敏孝
	柴田知秀	印刷者	山岡影光
		製本者	小西恵介

発行所　　株式会社　サイエンス社

〒151-0051 東京都渋谷区千駄ヶ谷1丁目3番25号
営業 ☎ (03) 5474-8500 (代)　振替 00170-7-2387
編集 ☎ (03) 5474-8600 (代)　FAX ☎ (03) 5474-8900

印刷　三美印刷(株)　　　　製本　ブックアート

《検印省略》

本書の内容を無断で複写複製することは，著作者および
出版者の権利を侵害することがありますので，その場合
にはあらかじめ小社あて許諾をお求め下さい．

ISBN978-4-7819-1388-9

PRINTED IN JAPAN

サイエンス社のホームページのご案内
http://www.saiensu.co.jp
ご意見・ご要望は
rikei@saiensu.co.jp まで．